Victor Vazquez
Erick Montaño
Jose Parga

Recuperación de oro y plata de soluciones cianuradas

Victor Vazquez
Erick Montaño
Jose Parga

Recuperación de oro y plata de soluciones cianuradas

ESTUDIO DE RECUPERACIÓN DE ORO Y PLATA EN SOLUCIONES CIANURADAS MEDIANTE UNA CELDA DE ELECTROCOAGULACIÓN DE FLUJO CONTINUO.

Editorial Académica Española

Imprint
Any brand names and product names mentioned in this book are subject to trademark, brand or patent protection and are trademarks or registered trademarks of their respective holders. The use of brand names, product names, common names, trade names, product descriptions etc. even without a particular marking in this work is in no way to be construed to mean that such names may be regarded as unrestricted in respect of trademark and brand protection legislation and could thus be used by anyone.

Cover image: www.ingimage.com

Publisher:
Editorial Académica Española
is a trademark of
Dodo Books Indian Ocean Ltd. and OmniScriptum S.R.L publishing group

120 High Road, East Finchley, London, N2 9ED, United Kingdom
Str. Armeneasca 28/1, office 1, Chisinau MD-2012, Republic of Moldova, Europe
Printed at: see last page
ISBN: 978-620-2-12049-4

RESUMEN

Se investigó el proceso de electrocoagulación en la recuperación de plata y oro. Se estudió el efecto del pH y cambio de polaridad en una celda de electrocoagulación batch, utilizando electrodos de aluminio-hierro. Cuando se trabajó con los electrodos de aluminio como ánodo sin cambiar la polaridad de los electrodos a pH>11 los porcentajes recuperación de oro y plata incrementan. En las pruebas con cambio de polaridad los porcentajes de recuperación incrementaban con la disminución del pH con mayor porcentaje de recuperación a un pH=9.4, esto es debido a que los electrodos de hierro se pasivan menos en ese rango de pH.

Las condiciones de operación empleadas para la celda de electrocoagulación con flujo continuo de solución fueron las siguientes: pH=11, 1g/L de NaCl y distancia entre los electrodos de 0.5 cm. Tomando en cuenta las condiciones anteriores, el área específica ($56 \ m^2/m^3$) y densidad de corriente ($180 A/m^2$), proporciono los mejores porcentajes de recuperación, así como un menor consumo de energía y de los electrodos.

El consumo de los electrodos de $1.5 kg/m^3$ en los experimentos batch requiere de un consumo de energía de 15 kWh/m^3. Los mejores porcentajes de recuperación de plata fueron de (97.9 %) y para el oro (86.4%).

En las pruebas de electrocoagulación con flujo continuo de solución de rica, cuando el consumo de los electrodos es de $1.5 kg/m^3$ el consumo de energía de alrededor 22 kWh/m^3. Se obtuvo alrededor de 90% de recuperación de plata y oro.

También se comparó la adsorción de oro, plata y cobre en las especies generadas de electrocoagulación de los resultados experimentales con las isotermas: lineal, Freundlich, Langmuir y Temkin. Se calculó los parámetros termodinámicos de ΔG, ΔH y ΔS, se encontró que el proceso de adsorción es exotérmico y espontáneo.

Se utilizó el modelo de pseudo- segundo orden de adsorción y Elovich para estudiar la velocidad de adsorción.

Los sólidos provenientes de electrocoagulación se utilizaron los equipos de Microscopia Electrónica de Barrido, Difracción de Rayos X y Espectroscopia fotoelectrónica.

ABSTRACT

The electrocoagulation process in the recovery of silver and gold was investigated. The effect of pH and polarity change in a batch electrocoagulation cell using aluminum-iron electrodes was studied. When working with aluminum electrodes as anode without changing the polarity of the electrodes at pH>11, the recovery percentages of gold and silver increased. In the tests with change of polarity, the recovery percentages increased with the decrease in pH, with a higher recovery percentage at pH=9.4, this is because the iron electrodes are less passivated in that pH range.

The operating conditions used for the continuous flow electrocoagulation were the following: pH=11, 1g/L of NaCl and distance between the electrodes of 0.5 cm. Considering the previous conditions, the specific area ($56 \, m^2/m^3$) and current density ($180A/m^2$), I provide the best recovery percentages, as well as lower energy and electrode consumption.

The electrode consumption of $1.5 \, kg/m^3$ in the batch experiments requires an energy consumption of $15 \, kWh/m^3$. The best recovery percentages for silver were (97.9%) and for gold (86.4%). In continuous flow electrocoagulation when the consumption of the electrodes is $1.5 \, kg/m^3$, the energy consumption is around $22 \, kWh/m^3$. Around 90% recovery of silver and gold was obtained.

The adsorption of gold, silver, and copper in the electrocoagulation solids of the experimental results was also compared with the isotherms: linear, Freundlich, Langmuir and Temkin. The thermodynamic parameters of ΔG, ΔH and ΔS were calculated, it was found that the adsorption process is exothermic and spontaneous. The pseudo-second order adsorption model and Elovich were used to study the adsorption kinetics.

Scanning Electron Microscopy, X-Ray Diffraction and Photoelectron Spectroscopy equipment was used for the electrocoagulation solids.

TABLA DE CONTENIDO

RESUMEN IV

ABSTRACT V

LISTA DE FIGURAS...IX

LISTA DE TABLAS XIII

NOMENCLATURA.. XV

AGRADECIMIENTOS.. XVI

CAPÍTULO 1 1

INTRODUCCIÓN Y OBJETIVOS 1

1.1 Justificación 3

1.2 Objetivo General 4

1.3 Objetivos específicos 4

CAPÍTULO 2..5

REVISIÓN BIBLIOGRÁFICA...5

2.1 Metalurgia extractiva...6

    2.1.1 Proceso de cianuración 8

    2.1.2 Proceso Merril-Crowe 11

    2.1.3 Adsorción en carbón activado..14

2.2 Adsorción 18

    2.2.1 Tipos de adsorción...19

    2.2.2 Isoterma de Langmuir 20

    2.2.3 Isoterma de Freundlich 21

    2.2.4 Isoterma de Temkin 21

2.3 Cinética de adsorción..22

2.4 Coagulación química..24

    2.4.1 Factores que Influyen en la Coagulación...25

2.5 Electrocoagulación 25

    2.5.1 Teoría de electrocoagulación...26

2.5.2 Sobrepotencial en una celda de electrocoagulación 27

2.5.3 Ventajas y desventajas 28

2.5.4 Reacciones en el proceso de electrocoagulación 29

2.5.5 Configuración de los electrodos en una celda electroquímica 32

2.6 Celda de electrocoagulación, diseño y operación **36**

2.6.1 Densidad de corriente 37

2.6.2 Consumo de los electrodos 37

2.6.3 Consumo de energía 38

2.7 Eliminación de metales pesados mediante una celda de electrocoagulación batch **38**

2.7.1 Efecto de la concentración de cobre, oro y plata en la recuperación mediante electrocoagulación 39

2.8 Estudios con celdas de electrocoagulación con flujo continuo **39**

2.9 Estudios termodinámicos en electrocoagulación **40**

2.10 Estudios cinéticos en electrocoagulación **40**

2.11 Caracterización de los sólidos de electrocoagulación **41**

CAPÍTULO 3 42

MATERIALES Y MÉTODOS 42

3.1 Materiales **42**

3.2 Equipo **43**

3.3 Métodos **44**

3.3.2 Caracterización de los sólidos de electrocoagulación 46

3.3.3 Análisis termodinámico 47

3.3.4 Análisis cinético 48

CAPÍTULO 4 49

RESULTADOS Y DISCUSIÓN 49

4.1 análisis de electrocoagulación **49**

4.1.1 Efecto de pH en la recuperación de plata y oro. 50

4.1.2 Efecto del cambio de polaridad en la recuperación de plata y oro. 51

4.2 Resultados de electrocoagulación en la celda con flujo continuo de solución **52**

4.2.1 Efecto del área de los electrodos 54

4.2.3 Comparación entre experimentos batch y continuos 56

4.3 Estudio termodinámico **58**

4.3.1 Cálculos termodinámicos 65

4.4 Análisis cinético **68**

4.4.1 Modelo cinético de adsorción de segundo orden para el oro 72

4.4.2 Modelo cinético de adsorción de segundo orden para la plata 73

4.4.3 Modelo cinético de adsorción de segundo orden para el cobre 74

4.4.4 Modelo cinético de adsorción de Elovich para el oro 75

75

4.4.5 Modelo cinético de adsorción de Elovich para la plata 76

76

4.4.4 Modelo cinético de adsorción de Elovich para el cobre 77

4.5 Pruebas con solución rica de Álamo Dorado **78**

78

4.6 Caracterización de los productos sólidos provenientes de la electrocoagulación **79**

4.7 Pruebas de recuperación de plata y oro de los flóculos de electrocoagulación. **84**

CAPÍTULO 5 .... **86**

CONCLUSIONES Y RECOMENDACIONES **86**

Conclusiones **86**

Recomendaciones **89**

CAPÍTULO 6 .... **90**

BIBLIOGRAFÍA **90**

LISTA DE FIGURAS

Figura 1. Diagrama Eh vs pH para la Ag (0.001 M) - CN (0.04M) - agua a 25°C. 10

Figura 2. Diagrama Eh-pH de oro (0.0001 M) - cianuro (0.04M) – agua a 25°C. 10

....11

Figura 3. Diagrama Eh-pH de cobre (0.0005 M) - cianuro (0.04M) -agua a 25°C. 11

Figura 4. Diagrama del proceso Merril-Crowe (Marsden & House, 2006)...............................13

Figura 5. Diagrama del proceso de Carbón en pulpa (CIP) (Marsden & House, 2006)............15

Figura 6. Diagrama del proceso de cianuracion y extracción de oro por el método CIL (Marsden & House, 2006)...16

Figura 8. Diagrama de potencial vs pH para el hierro-agua a 25°C..30

Figura 9. Diagrama de potencial vs pH para el hierro-agua a 25°C. 31

Figura 10. Diagrama de formación de hidroxidos de aluminio en una celda de electrocoagulación. 32

Figura 11. Electrodos monopolares con conexiones en serie...33

Figura 12. Electrodos monopolares con conexiones en paralelo..34

Figura 13. Electrodos bipolares con conexiones en serie..35

Figura 14. Arreglo de los electrodos en la celda de electrocoagulación.................................42

Figura 15. Equipo de absorción atómica (Perkin Elmer AAnalyst 400). 43

Figura 16. Fuente de poder regulada (modelo PRL-25 marca Steren) 43

Figura 18. Diagrama del proceso de Electrocoagulación con flujo continuo de solución 45

Figura 19. Electrodos de hierro. 45

Figura 20. Equipo de difracción de rayos X marca BRUKER D8 advence del Departamento de Geología de la Universidad de Sonora..46

Figura 21. Equipo de microscopia electrónica de barrido del Departamento Investigación en Polímeros y Materiales de la Universidad de Sonora. 47

Figura 22. Diagrama de Eh-pH para el sistema Al (0.05M)-CN(0.05M)-H_2O a 25 °C...............49

....50

Figura 23. Diagrama de Eh-pH para el sistema [CN]=0.05M- H_2O a 25°C 50

Figura 24. Al(+)/Fe(-), Effecto del pH en la recuperación de plata y oro 50

Figura 25. Efecto del cambio de polaridad en la recuperacion de plata y oro a un pH:11.........51

. ...51

Figura 26. Efecto del cambio de polaridad en la recuperacion de plata y oro a un pH:10.........51

. ...51

Figura 27. Efecto del cambio de polaridad en la recuperación de plata y oro a un pH:9.4. 52

Figura 29. Efecto del flujo volumétrico en la recuperación de plata: (A) 107 A/m2, (B) 180 A/m2. 53

Figura 28. Efecto del flujo volumétrico en la recuperación de oro:(A) 107A/m2, (B) 180A/m2 ..53

Fig 10. Efecto del tipo de celdad de 53

electrocoagulacion en el consumo de energía y..53

consumo de los electrodos...53

A(Continuo) and B (batch)..53

Figura 30. Efecto del área específica (A (8 m2/m3), B (24 m2/m3) y C (56 m2/m3)) en consumo de los electrodos, consumo de energia y porcentajes de recuperacion de plata. 55

Figura 31. Efecto del área específica (A (8 m2/m3), B (24 m2/m3) y C (56 m2/m3)) en consumo de los electrodos, consumo de energia y porcentajes de recuperacion de oro.........................55

Fig 10. Efecto del tipo de celdad de 55

electrocoagulacion en el consumo de energía y..55

consumo de los electrodos...55

A(Continuo) and B (batch)..55

Fig 10. Efecto del tipo de celdad de 55

electrocoagulacion en el consumo de energía y..55

consumo de los electrodos...55

A(Continuo) and B (batch)..55

Figura 33. Efecto del tipo de celda de electrocoagulación (A (continuo) and B (batch)) en el consumo de los electrodos, consumo de energía y recuperación de oro. 57

Figura 32. Efecto del tipo de celda de electrocoagulación (A (continuo) y B (batch)) en el consumo de los electrodos, consumo de energía y recuperación de plata. 57

Figura 34. Grafica de adsorción de oro utilizando el modelo de Langmuir y los resultados experimentales..59

Figura 35. Grafica de adsorción de plata utilizando el modelo de Langmuir y los resultados experimentales..61

Figura 36. Grafica de adsorción de cobre vs concentración de equilibrio. 63

Figura 37. Gráfica: Logaritmo de la constante de equilibrio versus el inverso de la temperatura 66

Figura 38. Disminucion de la concentración de plata y cobre en la solucion 1 durante el proceso de electrocoagulacion. 69

Figura 39. Disminucion de la concentración de oro en la solucion 1 durante el proceso de electrocoagulacion. 69

Figura 40. Disminucion de la concentración de plata y cobre en la solucion 2 durante el proceso de electrocoagulacion. 70

....70

Figura 41. Disminucion de la concentración de oro en la solucion 2 durante el proceso de electrocoagulacion. 70

....71

Figura 42. Disminucion de la concentración de plata y cobre en la solucion 3 durante el proceso de electrocoagulacion. 71

....71

Figura 43. Disminucion de la concentración de oro en la solucion 3 durante el proceso de electrocoagulacion. 71

....72

Figura 44. Grafica del modelo de adsorción de segundo orden para el oro a diferentes concentraciones: 5 amperes; temperatura de 298 °K; pH=11 y 1 g/L de sal...........................72

Figura 45. Graficas del modelo de adsorción de segundo orden para la plata a diferentes concentraciones: 5 amperes; temperatura de 298 °K; pH=11 73

Figura 46. Graficas del modelo de adsorción de segundo orden para el cobre a diferentes concentraciones: 5 amperes; temperatura de 298 °K; pH=11 74

Figura 47. Graficas del modelo cinético linealizado de Elovich para la adsorción de oro..........75

Figura 48. Graficas del modelo cinético linealizado de Elovich para la adsorción de plata 76

Figura 49. Graficas del modelo cinético linealizado de Elovich para la adsorción de cobre 77

Figura 50. Patrón de difracción de rayos X del polvos de electrocoagulación cambiando la polaridad 79

Figura 51. Patrón de difracción de rayos X del polvos de electrocoagulación con anodos de aluminio. 80

Figura 52. Imagen del SEM de los sólidos de electrocoagulación cambiando la polaridad, Análisis de rayos X por dispersión de energía (EDS)...81

....82

Figura 53. Imagen del SEM de los sólidos de electrocoagulación, Análisis de rayos X por dispersión de energía (EDS)...82

Figura 54. Imagen de espectroscopía fotoelectrónica de rayos X de los solidos de electrocoagulacion cambiando la polaridad...83

Figura 55. Disolución de Al(OH)$_3$ en NaOH 85

LISTA DE TABLAS

Tabla 1. Condiciones experimentales para el análisis termodinámico de la electrocoagulación de oro y plata. 48

Tabla 2. Efecto del área específica (A ($8m^2/m^3$), B ($24\ m^2/m^3$) y C ($56\ m^2/m^3$)) en el consumo de los electrodos, consumo de energía y porcentajes de recuperación. 54

Tabla 3. Comparación del tipo de celda de electrocoagulación (Continuo y batch) en el consumo de energía, consumo de los electrodos y porcentajes de recuperación. 56

Tabla 4. Resultados experimentales de adsorción de oro 58

Tabla 5. Cálculos de adsorción de oro para la isotermas (Lineal, Freundlich, Langmuir y Temkin). 58

Tabla 6. Parámetros de las isotermas y coeficiente de correlación..59

Tabla 7. Resultados experimentales de adsorción de plata 60

Tabla 8. Cálculos de adsorción de plata para la isotermas (Lineal, Freundlich, Langmuir y Temkin)..60

Tabla 9. Parámetros de las isotermas y coeficiente de correlación..61

Tabla 10. Resultados experimentales de adsorción de cobre 62

Tabla 11. Cálculos de adsorción de cobre para la isotermas (Lineal, Freundlich, Langmuir y Temkin)..62

Tabla 12. Parámetros de las isotermas y coeficiente de correlación...62

Tabla 13. Cálculos de adsorción de equilibrio para el oro, plata y cobre a diferentes temperaturas 65

Tabla 14. Constantes de equilibrio de adsorción a diferentes temperaturas 65

Tabla 15. Logaritmo natural de las constantes de equilibrio de adsorción vs inverso de temperatura 65

Tabla 16. Parámetros termodinámicos 67

Tabla 17. Concentraciones de las soluciones utilizadas en el análisis cinético 68

Tabla 18. Concentración inicial de oro en la solución y constante de velocidad de adsorción de segundo orden 72

Tabla 19. Concentración inicial de plata en la solución y constante de velocidad de adsorción de segundo orden 73

Tabla 20. Concentración inicial de cobre en la solución y constante de velocidad de adsorción de segundo orden 74

Tabla 21. Constantes de velocidad de adsorción, constantes de desorción y coeficientes de correlación para el oro a diferentes concentraciones 75

Tabla 22. Constantes de velocidad de adsorción, constantes de desorción y coeficientes de correlación para la plata a diferentes concentraciones..76

Tabla 23. Constantes de velocidad de adsorción, constantes de desorción y coeficientes de correlación para el cobre a diferentes concentraciones..77

Tabla 24. Condiciones de operación: distancia de los electrodos 0.5 cm, 5 amperes. 7 volts y 1 g/L de NaCl..78

Tabla 25. condiciones iniciales: pH=11,15 minutos, distancia de los electrodos 0.5 cm, 5 amperes, 4 volts y 1 g/L de NaCl. 78

Tabla 26. Ensaye al fuego del concentrado de electrocoagulación 85

NOMENCLATURA

I: corriente en amperes (A)

J: densidad de corriente (A/m^2)

t: tiempo en segundos (s)

M : peso molecular (g/mol)

n: número de valencia de los electrodos

F: constante de Faraday (A.s/eq)

Q: Flujo volumetrico (ml/min)

V: volumen de la solución (L)

C_0 : concentración inicial de solución (mg/L)

C_e: concentración de equilibrio (mg/L)

W: masa disuelta de los electrodos durante la EC (g)

W_{Fe}: masa disuelta de los electrodos de hierro durante la EC (g)

W_{Al}: masa disuelta de los electrodos de aluminio durante la EC (g)

q_e: masa adsorbida de oro, plata o cobre por gramo de adsorbente (mg/g)

qmax: adsorción máxima (mg/g)

K_L: constante de Langmuir (L/g)

R_L: factor de separación

K_F: constante de Freundlich (L/g)

n: constante adimensional

A_T: constante de equilibrio de unión correspondiente a la máxima energía de enlace (L/g)

b_T : constante relacionada con el calor de adsorción (J/mol)

q_t: capacidad de adsorción a a cualquier tiempo (mg/g)

K_1: constante de velocidad de primer orden de adsorción (min^{-1})

K_2: constante de velocidad de primer orden de adsorción (mg/g . min)

$\Delta G°$: energía libre de Gibbs ($Kcal\ mol^{-1}$)

$\Delta H°$: entalpía estándar ($Kcal\ mol^{-1}$)

$\Delta S°$: entropía estándar ($Kcal\ mol^{-1}°K^{-1}$)

AGRADECIMIENTOS

A mi Madre, mis hermanos y en especial a mi hermoso hijo Leonardo.

CAPÍTULO 1

INTRODUCCIÓN Y OBJETIVOS

Introducción

La minería en México es una de las principales actividades del sector industrial, que incluye operaciones de exploración, explotación y beneficio de minerales, contribuye con el 2.3 % del Producto Interno Bruto nacional. Al cierre de 2020, se registraron 367 mil 935 empleos directos de los cuales la participación de la mujer en el sector minero-metalúrgico fue de 57 mil 826 un 15.7%, de acuerdo con el reporte del Instituto Mexicano del Seguro Social (IMSS).

México se encuentra en los primeros lugares de producción mundial de minerales, entre los cuales destacan la plata, la cual ocupa el primer lugar en el ranking mundial de producción y el oro en el octavo lugar (Secretaria de Economía, 2021).

La extracción y producción de plata y oro de los minerales o de sus concentrados, es de suma importancia para México. Es ocasional encontrar un mineral prácticamente puro, de alta ley, que no requiera pretratamiento en gran magnitud; pero en su mayoría, los minerales son de baja concentración, como es el caso del de oro y plata, estos tienen que concentrarse por métodos de beneficio para separarlos y liberarlos de su roca matriz antes de los pasos de extracción que producen el metal mismo. (Vázquez, 2009). El proceso más utilizado para la extracción de oro y plata de sus minerales en la actualidad en la industria minera es el de cianuración.

La lixiviación con cianuro puede ser representada mediante la ecuación de Elsner en la cual el oxígeno juega un papel muy importante durante la dilución de estos metales (Habashi, 2005).

En este mecanismo electroquímico el ion cianuro forma complejos con la plata y oro, el oxígeno actúa como oxidante. En la industria extractiva, este método de recuperación de metales preciosos se lleva a cabo utilizando una solución de cianuro de 0.03-0.3 % de NaCN con un pH superior a 9.4 para evitar la formación de HCN y también necesita de una eficiente aeración para tener en la pulpa una concentración de oxígeno superior a 7 mg/litro (Peele, 1947).

Actualmente, los procesos convencionales de recuperación de oro y plata de la solución cianurada son el proceso Merril Crowe y la adsorción con carbón activado. Cada proceso de recuperación tiene tanto ventajas como desventajas. El proceso de Merrill-Crowe ha sido el preferido por muchos años, recientemente el proceso de adsorción en carbón activado fue empleado para minerales con una baja ley que contienen principalmente oro.

El proceso de electrocoagulación es una alternativa para recuperar plata y oro de la solución cianurada que no necesita la adición de reactivos químicos, no genera materiales tóxicos, es rápida, económica y además no requiere una alta concentración de plata (Vázquez, 2014).

1.1 Justificación

La plata y el oro ocupan los primeros lugares en la generación de divisas en cuanto a la industria minera se refiere, debido a esto y al número de minas de bajo contenido que existen es de suma importancia llevar a cabo mejoras e innovaciones de los actuales métodos de recuperación de oro y plata, para el eficiente aprovechamiento de los recursos naturales disponibles.

El cianuro es el reactivo más utilizado en la extracción de oro y plata de los minerales que los contienen debido a su alta selectividad, menor costo de este reactivo y la facilidad de sus operaciones de separación. Sin embargo, el oro y plata generalmente se encuentra asociado con minerales que contienen cobre, hierro y arsénico. Estos son elementos que forman complejos con el cianuro aumentando su consumo, aumentan su concentración con el tiempo en la solución por lo que disminuye la eficiencia de recuperación al reutilizar la solución en lixiviación.

Para extraer el oro y la plata de la solución por medio de adsorción en carbón activado, el mineral a lixiviar debe tener bajas concentración de plata y cobre. La capacidad de adsorción del carbón activado se encuentra en el rango (5-10) kg/ton de carbón activado (Marsden & House, 2006). Este proceso emplea en minerales de baja ley.

En el proceso Merril-Crowe, los minerales a lixiviar tienen mayor concentración de plata y oro. Para separar el oro y la plata de la solución de cianuro, se agrega polvo de zinc metálico, este reduce los complejos a sus estados nativos. Este método de recuperación es sensible a las impurezas en la solución. Parte del zinc que se utiliza para precipitar se oxida, forma complejos e hidróxido de zinc. La solución acumula impurezas que llevan problemas a la reutilización de la solución.

Debido a lo anterior, se propone utilizar el proceso de Electrocoagulación para la recuperación de oro y plata. Aunque la electrocoagulación es un proceso conocido tecnológicamente aún hace falta evaluar algunos parámetros en la recuperación de los elementos mencionados por este método. Por lo que se realizara un análisis de recuperación en una celda de electrocoagulación con flujo continuo. Se complementará con estudio termodinámico y cinético de adsorción que se generan en el reactor de electrocoagulación.

1.2 Objetivo General

Llevar a cabo un estudio de recuperación de oro y plata en soluciones cianuradas mediante una celda de electrocoagulación con flujo continuo utilizando la combinación de electrodos de hierro y aluminio.

1.3 Objetivos específicos

- Evaluar el efecto del pH y cambio de polaridad en la recuperación de oro y plata en una celda de electrocoagulación batch.

- Evaluar el efecto de área de los electrodos, densidad de corriente, consumo de energía y consumo de los electrodos en la recuperación de plata y oro en una celda de electrocoagulación de flujo continuo.

- Comparar los resultados de recuperación en soluciones sintéticas de oro y plata en cianuro con soluciones de la industria metalúrgica.

- Realizar un estudio termodinámico y cinético de adsorción de plata, oro y cobre a una solución.

- Extraer el oro y la plata de los sólidos de electrocoagulación.

CAPÍTULO 2

REVISIÓN BIBLIOGRÁFICA

México lidera la producción de plata por noveno año consecutivo, seguido por Perú, China, Rusia y Chile. De acuerdo con El Instituto de la Plata, América del Norte registró la mayor contracción el año pasado, cayendo un 6 por ciento, pero la producción récord de México con 196.6 millones de onzas, compensó las cifras regionales.

Minera Fresnillo plc se mantiene como la mayor empresa productora de plata, con 58.1 millones de onza, seguida por Glencore plc de Perú con 34.9 millones de onzas, y KGHM Polska Miedz de China con 33.9 millones de onzas (mineriaenlinea,2019).

La plata es un elemento químico de número atómico 47 situado en el grupo 11 de la tabla periódica de los elementos. Su símbolo es Ag (procede del latín: argentum, "blanco" o "brillante"). Es un metal de transición blanco, brillante, blando, dúctil y maleable.

En la naturaleza se encuentra como parte de distintos minerales (generalmente en forma de sulfuro) o como plata libre. Es muy común en la naturaleza, de la que representa una parte en 5 mil de corteza terrestre. La mayor parte de su producción se obtiene como subproducto del tratamiento de las minas de cobre, zinc, plomo y oro.

La plata se alea fácilmente con casi todos los metales, aunque con el níquel lo hace con dificultad. Con el hierro y el cobalto no puede alearse. Incluso a temperatura ordinaria, la plata forma amalgamas con mercurio.

La plata no es atacada por ácidos no oxidantes, el metal se disuelve fácilmente en ácido sulfúrico concentrado caliente, así como en ácido nítrico diluido o concentrado. En presencia de aire, y especialmente en presencia de peróxido de hidrógeno, la plata se disuelve fácilmente en soluciones acuosas de cianuro (wikiplata,2020).

El oro es un elemento químico cuyo número atómico es 79. Está ubicado en el grupo 11 de la tabla periódica. Es un metal precioso blando de color amarillo. Su símbolo es Au (del latín aurum, 'brillante amanecer).

Es un metal de transición blando, brillante, amarillo, pesado, maleable y dúctil. El oro no reacciona con la mayoría de los productos químicos, pero es sensible y soluble al cianuro, al mercurio, al agua regia, al cloro y a la lejía. Este metal se encuentra normalmente en estado puro, en forma de pepitas y depósitos aluviales.

El oro es sumamente inactivo. Es inalterable por el aire, el calor, la humedad y la mayoría de los agentes químicos, aunque se disuelve en mezclas que contienen cloruros, bromuros o yoduro. También se disuelve en otras mezclas oxidantes, en cianuros alcalinos y en agua regia, una mezcla de ácido nítrico y ácido clorhídrico. Una vez disuelto en agua regia, se obtiene ácido cloroáurico, que se puede transformar en oro metal con disulfito de sodio. El oro se vuelve soluble al estar expuesto al cianuro.

El método de ensayo a fuego consiste en producir una fusión de la muestra usando reactivos fundentes adecuados para obtener dos fases líquidas: una escoria constituida principalmente por silicatos complejos y una fase metálica constituida por plomo, el cual colecta los metales nobles de interés (Au y Ag). Los dos líquidos se separan en dos fases debido a su respectiva inmiscibilidad y gran diferencia de densidad, éstos solidifican al enfriar. El plomo sólido (con los metales nobles colectados) es separado de la escoria como un régulo. Este régulo de plomo obtenido es oxidado en caliente en copela de magnesita y absorbido por ella, quedando en su superficie el botón de oro y plata, elementos que se determinan posteriormente por método gravimétrico (por peso) o mediante espectroscopia de absorción atómica (wikioro,2020).

2.1 Metalurgia extractiva

Los minerales extraídos en una operación minero-metalúrgica están compuestos por diversas especies, algunas de ellas de valor comercial, generalmente las menos abundantes, y otras de menor valor o sin valor relativo. La metalurgia extractiva corresponde al conjunto de procesos que se llevan a cabo para separar selectivamente las especies de interés de aquellas sin valor (Kracht y Ihle, 2017).

La metalurgia extractiva se puede dividir en tres grandes categorías: la hidrometalurgia, la pirometalurgia y la electrometalurgia.

La hidrometalurgia corresponde a la tecnología para extraer metales, desde los materiales que los contienen ya sean primarios o secundarios mediante métodos físicos o químicos acuosos. La pirometalurgia lo hace mediante métodos físicos- químicos secos a altas temperaturas y la electrometalurgia mediante la aplicación de una corriente eléctrica a soluciones acuosas para obtener metales puros (Domic, 2001).

Hay tres principales etapas de los procesos hidrometalúrgicos:

- Lixiviación
- Concentración y/o purificación de la solución obtenidas
- Precipitación del metal deseado o sus compuestos

Lixiviación es una etapa de disolución selectiva de los metales desde los sólidos que los contienen mediante una solución acuosa. En la lixiviación intervienen, además del material solido de origen, un agente lixiviante que normalmente se encuentra disuelto en la solución acuosa y ocasionalmente un agente oxidante o reductor que participa en la disolución del metal de interés mediante un cambio de potenciales de óxido-reducción de la solución lixiviante. La lixiviación normalmente puede llevarse a temperaturas bajas (en el rango de 25°C a 250°C) siempre y cuando se cumpla la condición de estar en solución acuosa. Las presiones de operación pueden variar de unos pocos kPa hasta presiones tan altas como 5000 kPa (Habashi, 1980).

La concentración y/o purificación de la solución obtenida comprende los procesos de adsorción en carbón activado, extracción por solventes donde se utilizan reactivos líquidos de origen orgánico disueltos en un diluyente apolar y resinas de intercambio iónico.

Precipitación del metal deseado o sus compuestos. La precipitación de los elementos metálicos se puede llevar a cabo por los siguientes procesos: cristalización hace uso de las propiedades químicas de saturación de la solución; por reducción electroquímica conocida como cementación el cual utiliza otro metal de menor nobleza; los de precipitación por reducción con gases a presión; y por reducción electrolítica mediante un ánodo insoluble. La precipitación electroquímica es por lo general un proceso más barato, pero en la precipitación electrolítica es mejor la calidad de los metales depositados (Domic, 2001).

La extracción hidrometalúrgica del oro, utilizan la etapa de lixiviación para producir soluciones auríferas, como un producto intermedio. Actualmente, las soluciones alcalinas de cianuro diluidas son usadas exclusivamente para la disolución del oro, aunque el cloro ha sido utilizado en el pasado. Otros agentes lixiviantes, como soluciones de tiosulfato, tiocianato, tiourea, bromuro, yoduro, también son alternativas a la lixiviación con cianuro, pero todavía ninguno ha sido utilizado a nivel industrial. (Marsden & House, 2006).

El cianuro es usado universalmente debido a su bajo costo, a su gran eficacia para la disolución del oro (y plata) respecto a otros metales. Además, a pesar de algunas preocupaciones sobre la toxicidad del cianuro, se puede aplicar con poco riesgo para la salud y el medio ambiente. El oxidante más utilizado en la lixiviación con cianuro es el oxígeno, suministrado por el aire, lo que contribuye a un proceso atractivo (Marsden & House, 2006).

Para el caso de la extracción de oro y plata el reactivo lixiviante de mayor uso es el cianuro, por lo que el proceso de lixiviación de metales preciosos con este lixiviante es comúnmente llamado cianuración.

2.1.1 Proceso de cianuración

La acción de disolución de cianuro en oro fue conocida desde 1783 por el químico sueco Carl Wilhelm Scheele. Elsner en Alemania en 1846, estudio esta reacción señalando que el oxígeno jugó un papel muy importante durante su disolución. La aplicación de estos conocimientos para la extracción de oro de sus minerales fue propuesta y patentada en Inglaterra por John Stewart MacArthur en 1887. (Habashi, 2005). El proceso de cianuración de oro y plata pueden ser representadas mediante las siguientes reacciones:

$$4Au + 8CN^- + O_2 + 2 H_2O \rightarrow 4Au(CN)_2^- + 4OH^- \tag{1}$$

$$4Ag + 8CN^- + O_2 + 2 H_2O \rightarrow 4Ag(CN)_2^- + 4OH^- \tag{2}$$

En este mecanismo electroquímico el ion cianuro forma un complejo con el oro y el oxígeno actúa como oxidante (1). La reacción con plata es similar. Sin embargo, la asociación de la plata con el ion cianuro es más débil que la del oro y la disolución de la plata requiere mayor tiempo de contacto (2). En la industria extractiva, este método de recuperación de metales preciosos se lleva a cabo utilizando una solución de cianuro de 0.03-0.3 % de NaCN con un pH superior a 9.4 para evitar la formación de HCN y también necesita de una eficiente aeración para tener en la pulpa una concentración de oxígeno superior a 7 mg/litro (Peele, 1947).

Se estima que cerca del 20% de los depósitos de oro contienen importante mineralización de cobre (Xianwen Dai, 2012), comúnmente asociado con calcopirita, bornita y calcocita. Los principales minerales de cobre incluyen óxidos, carbonatos, sulfuros y cobre nativo, estos son altamente solubles en soluciones cianuradas (Marsden and House, 2006).

El cobre forma complejos con el cianuro, uno de los problemas en la extracción de plata y oro, es que compite con el cianuro en la recuperación de estos metales. El cobre no necesita oxigeno durante la formación de complejos de cobre. (Marsden & House, 2006).

$$2Cu_{(S)} + 4NaCN_{(aq)} + 2H_2O_{(l)} \rightarrow Na_2Cu_2(CN)_{4(aq)} + 2NaOH_{(aq)} + H_{2(g)} \tag{3}$$

La presencia de cobre en la solución cianurada causa problemas tales como la competencia con oro para la adsorción sobre carbono a menos que se mantenga suficiente concentración de cianuro libre, el agotamiento de eficiencia de la célula electrolítica de oro, y las pérdidas de oro por cementación en minerales de cobre. Minerales que contienen más de 0.5% de cobre reactivo no se consideran generalmente para el proceso por cianuración convencional (Xianwen Día, 2012).

El oro y la plata contenido en la solución rica pueden ser recuperados por alguno de los siguientes procesos.

- Precipitación con proceso Merril Crowe

- Adsorción en carbón activado

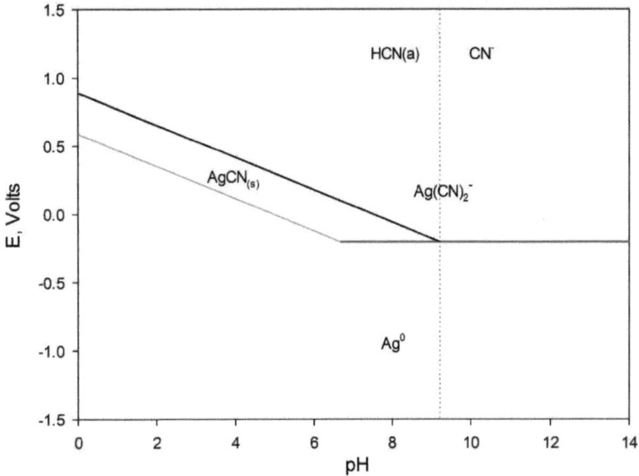

Figura 1. Diagrama Eh vs pH para la Ag (0.001 M) - CN (0.04M) - agua a 25°C.

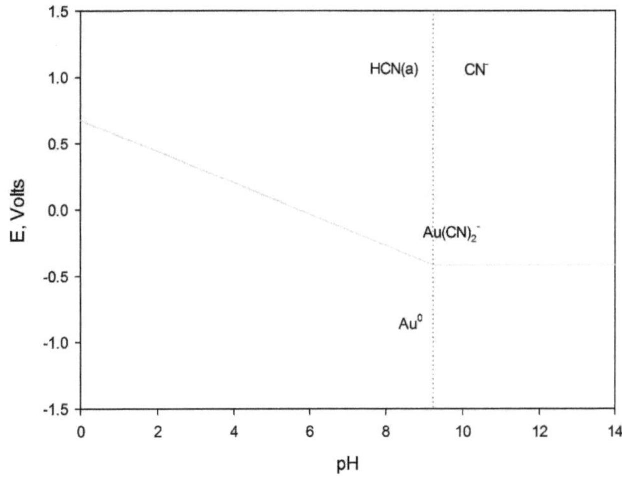

Figura 2. Diagrama Eh-pH de oro (0.0001 M) - cianuro (0.04M) – agua a 25°C.

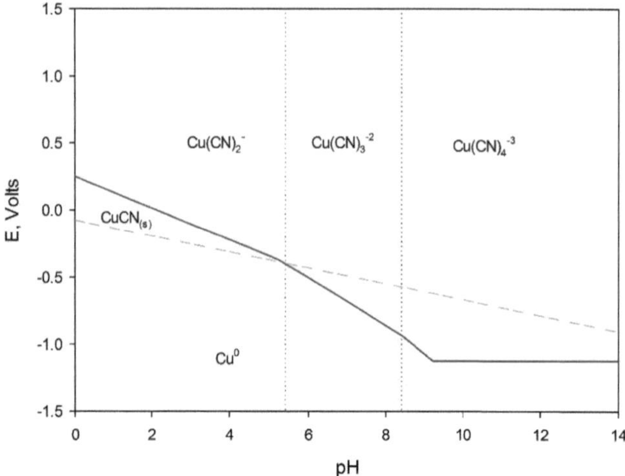

Figura 3. Diagrama Eh-pH de cobre (0.0005 M) - cianuro (0.04M) -agua a 25°C.

En las figuras 1, 2 y 3 se muestras los complejos oro plata y cobre en una solución de cianuro de sodio al 0.2 % en peso de cianuro en función del pH y potencial de oxido reducción de los metales.

2.1.2 Proceso Merril-Crowe

Proceso Merril Crowe es una técnica que permite la separación de oro y plata en una solución de cianuro por medio de precipitación con zinc.

Durante la década de 1890, la cementación con polvo de zinc fue introducida para la precipitación de oro y plata de la solución cianurada, esto ocurrió al mismo tiempo que la implementación del proceso de cianuración en la industria de extracción.

La precipitación química con zinc depende principalmente de que el oro y la plata son más nobles que el zinc. El proceso se basa en el potencial de óxido- reducción de los metales que están involucrados, el metal con mayor potencial tiene mayor tendencia a la oxidación, el cual pasará a la solución desplazando al metal con menor potencial. Esto significa que el complejo formado de oro-plata cianuro se van a reducir a sus estados nativos (Au^0 y Ag^0).

El proceso de cementación inicialmente involucraba el contacto de la solución de cianuro con las virutas de zinc, lo que resultó ser bastante ineficiente debido a que la velocidad de reacción era demasiado lenta. El zinc se pasiva rápidamente inhibiendo aún más la depositación de la plata y oro. Poco después, se mejoró la precipitación mediante la adición de una sal de plomo (por lo general nitrato de plomo), lo que elimina la pasivación de la superficie de zinc y permite de modo continuo la depositación de oro.

El proceso básico fue descubierto y patentado por Charles Merrill Washington en torno a 1900, y posteriormente por Thomas B. Crowe, trabajando para la Compañía Merrill. A mayor superficie específica mayor es la velocidad de precipitación. La desoxigenación de soluciones de oro y plata a una concentración de menos de 1 ppm de oxígeno reduce significativamente el consumo de zinc causado por la oxidación, lo que resulta en un aumento significativo en la eficiencia del proceso **(Muhtadi et al., 1988)**.

El proceso Merril Crowe consta de cuatro etapas (Figura 4.).

- Clarificación de la solución rica de oro y plata
- Desoxigenación de la solución rica
- Adición de polvo de zinc a la solución rica y sales de plomo
- Recuperación del precipitado zinc- oro- plata por filtración

La solución rica del tanque es bombeada a los filtros clarificadores donde los lodos remanentes de la solución son eliminados. Después de la clarificación, la solución rica sin materiales limosos pasa a través de una torre de vacío para remover la mayor parte del oxígeno disuelto. A medida que la solución sale de la torre de vacío se introduce polvo de zinc, lo que permite que la precipitación de plata y el oro se lleva a cabo rápidamente. La concentración de cianuro no debe ser demasiada alta debido a que alguno de los valores de oro-plata precipitados pueden disolverse antes de que sean retirados del circuito de precipitación. La solución con los sólidos suspendidos pasa a otro filtro mientras se retira el oro y la plata precipitada, al mismo tiempo la solución pasa a un tanque de almacenamiento de solución estéril; se le añade cianuro, sosa caustica o cal para ajustar la cantidad de cianuro libre y el pH en la solución estéril que se va a reutilizar en el circuito de lixiviación (Hiskey et al., 1982).

Precipitación del oro y la plata de la solución cianurada mediante polvo de zinc se puede representar con la siguiente ecuación:

$$2Au(CN)_2^- + Zn \rightarrow 2Au + Zn(CN)_4^{2-} \tag{4}$$

$$2Ag(CN)_2^- + Zn \rightarrow 2Ag + Zn(CN)_4^{2-} \tag{5}$$

La reacción de precipitación puede consumir el cianuro libre y liberar hidrogeno. La agitación con polvo de zinc proporciona un rápido y eficiente método de precipitación, el precipitado obtenido es removido mediante un filtro prensa. El precipitado ya filtrado se mezcla con algunos oxidante y fundentes para separar el zinc y las impurezas de los lingotes de oro y plata (Newton, 1955).

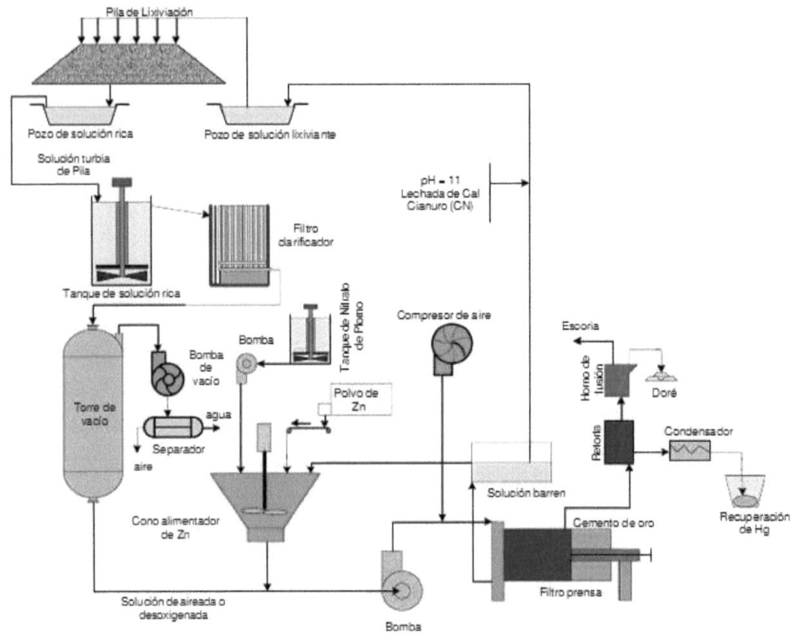

Figura 4. Diagrama del proceso Merril-Crowe (Marsden & House, 2006)

2.1.3 Adsorción en carbón activado

Los carbones activados se utilizan por su estructura granular, tienen una gran superficie específica, lo que permite un alto grado de adsorción del oro y la plata de la solución rica a la superficie del carbón activado. A nivel industrial el método de adsorción por carbón activado es él más empleado (textos científicos, 2017).

La primera aplicación del carbón activado en metalurgia para la recuperación de oro fue en el proceso de clorinación, el cual fue desplazado por el proceso de cianuración. Sin embargo, la utilización industrial de este proceso se vio restringida por conceptos económicos y por falta de una técnica que permitiese reutilizar el carbón sin necesidad de calcinarlo. Esta desventaja, sumado a los avances técnicos alcanzados en la precipitación con zinc, dejó al carbón activado postergado a un plano secundario durante un largo período. Desde 1952, esta situación comenzó a cambiar debido al desarrollo del método de desorción y electrodeposición de oro, el uso del carbón activado fue desplazando al proceso Merrill Crowe, que provocaba un elevado consumo de zinc en la precipitación y generaba reacciones muy sensibles en presencia de impurezas en la solución de cianuración (Navarro et al., 2010).

El carbón activado es diferente del carbón vegetal y al grafito en ser hidrófilo. Se humedece por el agua, esto es debido a la compleja superficie orgánica formada durante la activación. La gran superficie de área y una alta porosidad.

La adsorción de los complejos cianurados de oro y plata en carbón activado es un proceso físico en el cual la adsorción decrece con la temperatura.

Aspectos de ingeniería

- Adsorción de los complejos de cianuro de oro en carbón activado
- Lavado con agua con el fin de remover la solución cianurada
- Desorción, con una solución de 0.2% peso de NaCN y 1% de NaOH a 90 °C.
- Lavado acido para remover $CaCO_3$ precipitado.
- Lavado del carbón empobrecido
- Activación del carbón activado por 30 minutos a 700°C.

El carbón es la fuente principal para las siguientes técnicas de recuperación de oro.

2.1.3.1 Carbón en pulpa (CIP)

Este proceso es empleado para el tratamiento de minerales limosos, que contienen partículas muy finas y material arcilloso, los cuales dificultan la filtración y aumentan el costo para la cementación con polvo de zinc. En este proceso, la lixiviación con cianuro se lleva a cabo en tanques agitados junto con el carbón activado. Cuando se completa la adsorción de oro, la pulpa se criba para separar los gránulos cargados de oro donde pasa a la etapa de lavado y desorción (Figura 5).

La adsorción y elución son procesos lentos. Toma alrededor de 10 horas adsorber el oro de una solución que contiene cerca de 10 ppm y 50 horas para la elución. Una tonelada de carbón activado puede adsorber alrededor de 10 kilogramos de oro. El oro y la plata en la solución de elución se recuperan por medio de electrodepositación utilizando lana de acero como cátodo (Habashi, 1999).

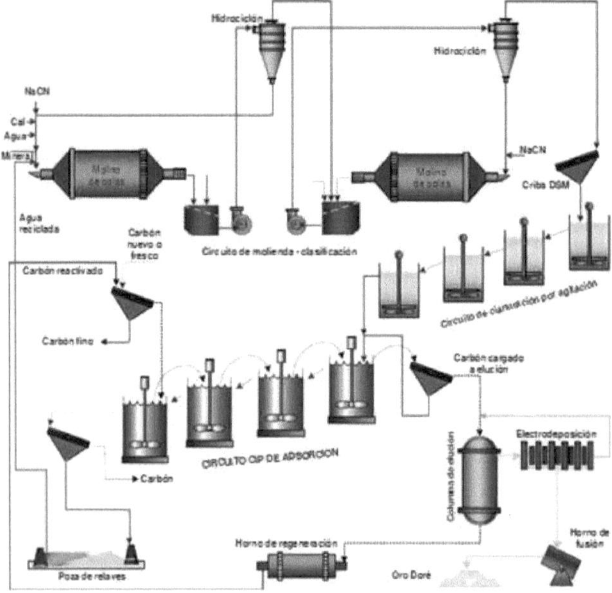

Figura 5. Diagrama del proceso de Carbón en pulpa (CIP) (Marsden & House, 2006)

2.1.3.2 Carbón en Lixiviación (CIL)

Este se utiliza para el tratamiento de minerales que contienen materia orgánica. La materia orgánica puede actuar como adsorbentes, su presencia hace que los complejos de cianuro de oro susceptibles a perderse en los residuos. El carbón activado es agregado a los tanques de lixiviación donde adsorbe los complejos de cianuro más rápido que la materia orgánica. La pulpa es separada del carbón por medio de una criba (Habashi, 1999).

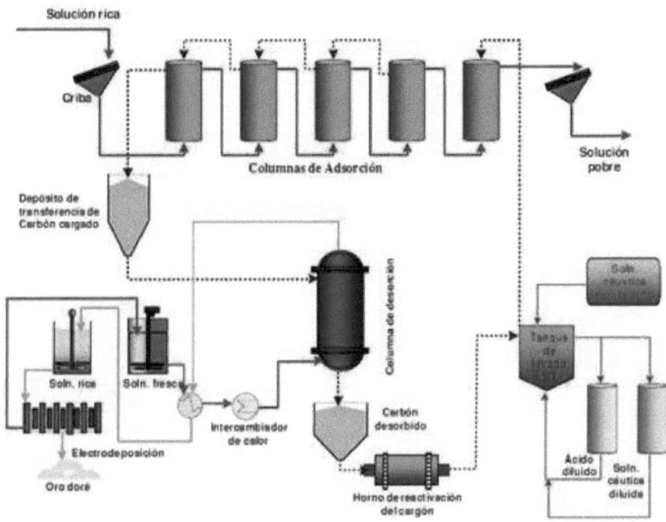

Figura 6. Diagrama del proceso de cianuracion y extracción de oro por el método CIL (Marsden & House, 2006)

2.1.3.4 Carbón en columnas (CIC)

La adsorción en columnas con carbón activado granular se utiliza cuando el mineral puede ser fácil mente filtrable, para soluciones de lixiviación en montones y se puede obtener una solución clarificada. Cuando las columnas están saturadas, se desorben, el carbón empobrecido es lavado, y activado (Habashi, 1999).

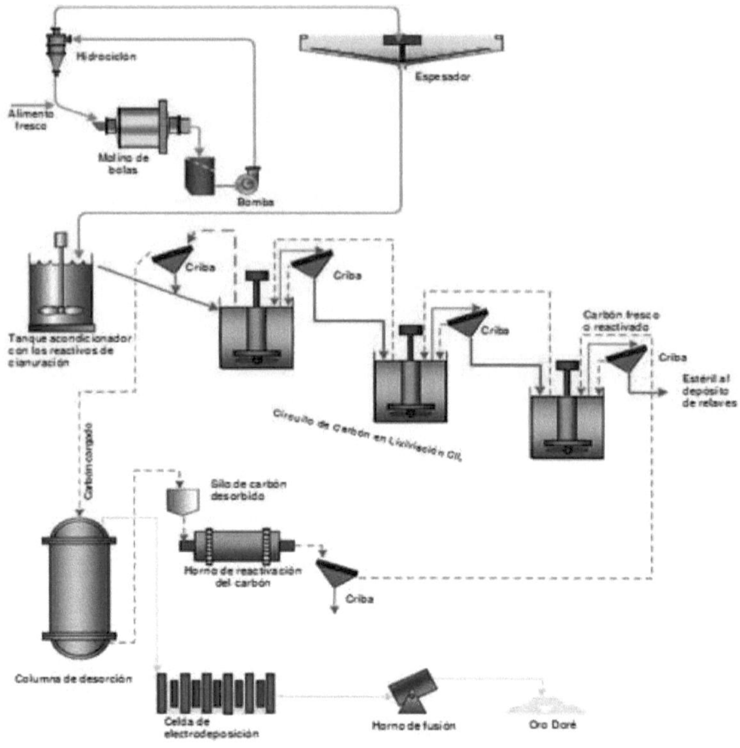

Figura 7. Diagrama del proceso de Carbón en columnas (CIC) (Marsden & House, 2006)

2.1.3.5 Depositación electrolítica

La solución que se concentra y se purifica en el carbón activado se eluye en una solución de cianuro y sosa caustica, esta solución es enviada a celdas de electrodepositación.

El mecanismo para la depositación de los complejos metálicos de cianuro probablemente proceda de la adsorción en el cátodo, seguida por la reducción de las especies adsorbidas.

Los cátodos, polo negativo son hechos principalmente de lana de acero, este tiene una alta superficie, la cual cuenta con un gran número de sitios para la depositación de oro.

Una vez que los cátodos están cargados con la cantidad requerida de oro, se retiran de las celdas para la calcinación y luego se funden para producir lingotes de oro.

Reacciones catódicas

$$Au(CN)_2^- + e \rightarrow Au^0 + 2CN^- \tag{6}$$

$$Ag(CN)_2^- + e \rightarrow Ag^0 + 2CN^- \tag{7}$$

$$Cu(CN)_4^{-3} + e \rightarrow Cu^0 + 4CN^- \tag{8}$$

Mientras que el oro que se deposita en sobrepotenciales catódicos relativamente bajos forma un producto sólido y denso en el cátodo, en sobrepotenciales catódicos más altos, se forma un depósito esponjoso y poroso, que puede terminar como lodo en el piso de la celda.

Reacciones anódicas

$$2H_2O \rightarrow O_2 + 4H^+ + 4e \tag{9}$$

$$CN^- + 2OH^- \rightarrow CNO^- + H_2O + 2e \tag{10}$$

Los ánodos son hechos de malla de acero inoxidable. El ánodo es necesario para que fluya la corriente a través de la solución de cianuro, completando el circuito eléctrico en la celda. El pH de operación recomendado es de 12. Le evolución de oxígeno en el ánodo es la reacción principal. Voltaje óptimo de 3.5 Volts (Marsden & House, 2006).

2.2 Adsorción

La adsorción puede definirse como la tendencia de un componente del sistema a concentrarse en la interfase, donde la composición interfacial es diferente al seno del fluido.

Hay una clara diferencia entre el fenómeno de adsorción y el de absorción, en el segundo existe una penetración física de una fase en la otra; sin embargo, es factible que ambos sucedan simultáneamente, y en este caso puede ser muy difícil separar los efectos de ambos fenómenos, inclusive un fenómeno puede al otro.

El fenómeno de adsorción es de particular relevancia en la ciencia de los coloides y superficies. El proceso de adsorción de átomos y moléculas en la interfase es una de las principales formas en que la interfase de alta energía puede modificarse para disminuir la energía total del sistema. La adsorción puede ocurrir en cualquier tipo de interfase (Liquido-Gas, Solido-Gas, Liquido-Solido) (Viades, 2016)

La adsorción que ocurre en la interfase líquido-solido se calcula de la siguiente forma:

$$q_e = V \left(\frac{(C_0 - C_e)}{W} \right) \tag{11}$$

Donde q_e (mol/g) son lo moles adsorbidos por gramo de adsorbente, V es el volumen de la solución, C_o es la concentración inicial de adsorbato, C_e concentración de equilibrio y W es la cantidad adsorbente.

Adsorbato: sustancia que se adsorbe sobre la superficie
Adsorbente: superficie en la que sucede la adsorción

2.2.1 Tipos de adsorción

La adsorción física, o adsorción de "Van Der Waals", fenómeno fácilmente reversible, es el resultado de las fuerzas intermoleculares de atracción entre las moléculas del sólido y la sustancia adsorbida. La sustancia adsorbida no penetra dentro de la red cristalina ni se disuelve en ella, permanece totalmente sobre la superficie. Sin embargo, si el sólido es muy poroso y contiene muchos pequeños capilares, la sustancia adsorbida penetra a estos intersticios si es que la sustancia humedece al sólido. La adsorción reversible no se concreta a los gases, también se observa en el caso de líquidos. El calor de adsorción es relativamente mente bajo de 1- 10 kcal/mol (Treybal, 1988).

Quimisorción, o adsorción química, es el resultado de la interacción química entre el sólido y la sustancia adsorbida. Las fuerzas de unión química pueden variar considerablemente y puede suceder que no se formen compuestos químicos en el sentido usual; empero, la fuerza de adhesión es generalmente mucho mayor que la observada en la adsorción física. El calor liberado durante la quimisorción es común mente grande (50-100 Kcal/mol), es parecido al calor de una reacción química. El proceso frecuentemente es irreversible; en la desorción, de ordinario se descubre que una sustancia original ha sufrido un cambio químico. La misma sustancia, que, en condiciones de baja temperatura, sufrirá esencialmente solo la adsorción física sobre un sólido, algunas veces exhibe quimisorción a temperatura más elevadas; además de los dos fenómenos pueden ocurrir al mismo tiempo. La quimisorción es de particular importancia en la catálisis (Treybal, 1988).

2.2.2 Isoterma de Langmuir

La isoterma de adsorción de Langmuir, fue desarrollada originalmente para describir la adsorción en las fases sólido- gas en carbón activado. En su formulación este modelo empírico asume adsorción en monocapa (la capa adsorbida es de una molécula de espesor), la adsorción sólo puede ocurrir en un cierto número finito de sitios en la superficie que son idénticos, equivalentes, sin interacción lateral (las moléculas adsorbidas no interaccionan entre sí), incluso en sitios adyacentes. En su derivación, La isoterma de Langmuir se refiere a que cada molécula posee entalpía constante y energía de activación de sorción (todos los sitios poseer la misma afinidad para el adsorbato) (Treybal, 1988).

La isoterma de Langmuir queda representada con la siguiente ecuación:

$$q_e = \frac{q_{max} K_L C_e}{1 + K_L C_e} \tag{12}$$

Donde q_{max} es la adsorción máxima, K_L es la constante de Langmuir y C_e es la concentración de equilibrio.

La siguiente ecuación muestra la isoterma de Langmuir en su forma lineal.

$$\frac{Ce}{q_e} = \frac{1}{q_{max} K_L} + \frac{Ce}{q_{max}} \tag{13}$$

El grafico de $\frac{Ce}{q_e}$ $versus$ Ce debe de dar la relación lineal de la cual q_{max} y K_L pueden ser determinados de las intersecciones respectivamente (Foo y Hameed, 2010).

2.2.3 Isoterma de Freundlich

La isoterma de Freundlich es la relación más antigua conocida que describe la adsorción no ideal y reversible, no se limita a la formación de monocapa. Este modelo empírico se puede aplicar a adsorción de múltiples capas, con una distribución no uniforme de entalpia de adsorción y más afinidad de la superficie heterogénea. En sus inicios se desarrolló para la adsorción de carbón animal, lo que demuestra que la relación del adsorbato en una masa dada de adsorbente para el soluto no fue una constante a diferentes concentraciones de la solución (Foo y Hameed, 2010).

Se puede derivar teóricamente una expresión de este tipo suponiendo que la superficie contiene diferentes tipos de centros de adsorción. La isoterma de Freundlich de la siguiente forma $q_e = K_F Ce^{1/n}$. Donde los parámetros de ajuste K_F es la constante de Freundlich y $1/n$ es una constante adimensional menor que 1. Se pueden obtener del ajuste lineal de la expresión en forma logarítmica $\ln q_e = \ln K_F + \left(\frac{1}{n}\right) lnCe$. La representación de $\ln q_e$ contra $\ln C_e$ permite obtener n de la pendiente y K_F de la ordenada en el origen.

2.2.4 Isoterma de Temkin

Este modelo contiene un factor que toma en cuenta de forma explícitamente las interacciones adsorbente - adsorbato. La isoterma de Temkin puede obtenerse en base a la isoterma de Langmuir suponiendo que el calor de adsorción disminuye linealmente al aumentar la superficie cubierta (Medina et al., 2015). La isoterma de Temkin generalmente de utiliza de la siguiente forma:

$$q_e = \frac{RT}{bT} Ln\, A_T C_e \tag{14}$$

q_e = capacidad de adsorción en el equilibrio (cantidad de adsorbato / cantidad de adsorbente). C_e = es la concentración del adsorbato en el equilibrio. A_T = constante de equilibrio de unión correspondiente a la máxima energía de enlace. b_T = constante relacionada con el calor de adsorción.

La ecuación linealizada de la isoterma de Temkin generalmente se expresa de la forma siguiente:

$$q_e = \frac{RT}{b_T}\ln A_T + \frac{RT}{b_T}\ln C_e \tag{15}$$

Al representar gráficamente q_e vs Ln Ce, se puede obtener b_T de la pendiente y A_T de la ordenada en el origen (Temkin, 1940).

Cálculos termodinámicos

Los parámetros termodinámicos reflejan la viabilidad y la naturaleza espontánea del proceso de electrocoagulación.

El equilibrio heterogéneo que se alcanza puede ser representado con la constante de equilibrio K, definida como una relación entre la concentración de equilibrio del soluto entre la fase sólida de los productos de electrocoagulación y la fase liquida (solución de cianuro).

$$K = \frac{q_e}{C_e} \tag{15}$$

Para el proceso de adsorción los cambios en la energía libre de Gibbs ($\Delta G°$) se calcularon empleando la siguiente ecuación.

$$\Delta G° = -RTLnK \tag{16}$$

Se grafico el LnK vs 1/T (°K^{-1}) de la pendiente se obtiene entalpía estándar $m=(\Delta H°/R)$, Donde T: es la temperatura en $\left(K\right)$ y R: es la constante universal de los gases (Kundu y Gupta, 2005).

La entropía estándar ($\Delta S°$) se despeja de la siguiente ecuación

$$\Delta G°=\Delta H°-T\Delta S° \tag{17}$$

2.3 Cinética de adsorción

Para el diseño de equipos de adsorción, es necesario conocer el equilibrio de adsorción y la velocidad con la que se llega al equilibrio, es decir la cinética de adsorción.

Existen diferentes modelos que permiten caracterizar el proceso de adsorción en un sólido, que únicamente tratan de reproducir los resultados experimentales de concentración y adsorción contra el tiempo. Hay muchos factores que influyen en la capacidad de adsorción, los modelos empíricos sólo consideran el efecto de los parámetros observables en la velocidad de adsorción.

El modelo de pseudo-segundo orden en el cual la capacidad de adsorción sigue el modelo de Langmuir (Ho y McKay, 1998). El segundo modelo cinético para Lagergren se expresa como:

$$\frac{dq_t}{dt} = K_2(q_e - q_t)^2 \tag{18}$$

Donde q_e $(\frac{mg}{g})$ y $q_t(\frac{mg}{g})$ son la capacidad de adsorción en equilibrio y a un tiempo t (min), K_2 es una constante de velocidad de segundo orden de adsorción. Al integrar la ecuación anterior con las condiciones limite t=0 a t=t y q_t=0 a $q_t = q_t$ se obtiene la siguiente ecuación dependiente del tiempo.

$$\frac{1}{(q_t - q_e)} = \frac{1}{q_e} + K_2 t \tag{19}$$

después de reagrupar términos de ecuación (2.2.7) se linealiza como

$$\frac{t}{q_t} = \frac{1}{K_2 q_e^2} + \frac{t}{q_e} \tag{20}$$

Se utiliza para describir la adsorción de contaminantes en soluciones acuosas, mediante la siguiente ecuación:

$$\frac{dq_t}{dt} = \alpha e^{-\beta q_t}$$

Donde $q_t(\frac{mg}{g})$ es la adsorción a un tiempo t; α velocidad de adsorción inicial(mg/g-min); β constante de desorción (g/mg) la cual se relaciona con el número de centros los centros activos y t es el tiempo en minutos (Roginsky Y Zeldovich, 1934).

$$q_t = \frac{1}{\beta}\ln(\beta\alpha t) \tag{21}$$

Las constantes se determinan de la siguiente ecuación linealizada:

$$q_t = \frac{1}{\beta}\ln(\beta\alpha) + \frac{1}{\beta}\ln t \tag{22}$$

De la pendiente se despeja m=1/ β y se obtiene α de la ordenada al origen b=$\frac{1}{\beta}$ln($\beta\alpha$).

2.4 Coagulación química

Hay dos términos que han sido utilizados por los investigadores como sinónimos que ocurren simultáneamente en el tratamiento de aguas coagulación- floculación. El primero es la definición de coagulación, que es la desestabilización eléctrica de las partículas de tal manera que se aproximen unas a otras lo suficiente para ser atraídas. La Floculación consiste en la agrupación de las partículas coloidales desestabilizadas, formando agregados de mayor tamaño denominados "flóculos", los cuales se pueden separar del agua por sedimentación.

Las partículas de tamaño coloidal se caracterizan por otros factores que las mantienen en suspensión, en relación con su baja sedimentación. Dos de los más importantes de estos factores son la repulsión electrostática y la hidratación. La hidratación es la reacción de la superficie de las partículas con el agua que las rodea, la cual reduce la gravedad especifica de las partículas haciéndolas más cercana a la del agua. La repulsión electrostática se desarrolla porque las partículas coloidales usualmente tienen una carga neta en la superficie en relación con la solución. Esta carga es el resultado de la ionización de pequeños iones superficiales, o que

Las fuerzas que tienden aglomerar las partículas hasta que sean lo suficientemente grande para sedimentar pueden ser químicas o físicas y comprender dos etapas, el transporte y adherencia de partículas. El transporte de partículas puede resultar del movimiento browniano, de la gravedad o del movimiento del fluido, todos ellos factores físicos. La adherencia de la partícula puede resultar de la consecuencia de las fuerzas de Van Der Waals, de las interacciones químicas y de la adsorción física y química. (Singley, 1986).

Los coagulantes principalmente utilizados son las sales de aluminio o hierro.

Sales de Aluminio: Sulfato de aluminio ($Al_2(SO_4)_3$), cloruro de aluminio ($AlCl_3$), sulfato de aluminio + cal ($Al_2(SO_4)_3 + Ca(OH)_2$), Sulfato de aluminio + sosa caustica ($Al_2(SO_4)_3 + NaOH$), Sulfato de aluminio + carbonato sódico ($Al_2(SO_4)_3 + Na_2CO_3$), Aluminato sódico ($NaAlO_2$) y polímeros de aluminio.

Sales de Hierro: Cloruro férrico ($FeCl_3$), Cloruro férrico + cal ($FeCl_3 + Ca(OH)_2$), Sulfato férrico ($Fe_2(SO_4)_3$), Sulfato férrico + cal (($Fe_2(SO_4)_3 + Ca(OH)_2$), Sulfato ferroso ($FeSO_4$), y Cloruro férrico ($FeCl_3$) (Andia et al., 2000).

2.4.1 Factores que Influyen en la Coagulación

Es necesario tener en cuenta los siguientes factores con la finalidad de optimizar el proceso de coagulación:

pH, turbiedad, sales disueltas, temperatura del agua, tipo de coagulante utilizado, condiciones de mezcla, sistemas de aplicación de los coagulantes y tipos de mezcla.

Las interrelaciones entre cada uno de ellos permiten predecir cuáles son las cantidades de los coagulantes a adicionar al agua (Andia et al., 2000).

2.5 Electrocoagulación

El proceso de electrocoagulación ha sido conocido como un fenómeno electroquímico durante el último siglo. Se ha utilizado frecuentemente para el tratamiento de muchos tipos de aguas residuales con diferentes grados de éxito. Sin embargo, la mayoría de los estudios se han centrado en la eficiencia de eliminación de desechos sin explorar los mecanismos implicados en el proceso de electrocoagulación. Este método electroquímico de eliminación requiere muy pequeñas cantidades de adición de sal para aumentar la conductividad de la solución, el mantenimiento y el funcionamiento de las celdas de electrocoagulación es relativamente simple (Parga et al., 2005). El proceso de electrocoagulación ofrece un potencial significativo para la eliminación de especies iónicas solubles de solución, metales pesados particularmente (Pogrebnaya et al., 1995). Las condiciones de funcionamiento del proceso de electrocoagulación son altamente dependientes de la química de la fase acuosa medio, especialmente de conductividad y pH. Otra importante característica tal como tamaño de partícula, el tipo de electrodos, tiempo de residencia, distancia de los electrodos y concentración de los constituyentes químicos influirán en los parámetros de operación del proceso (Barkley et al., 1993).

El principio de electrocoagulación se basa en la coagulación entre los cationes polivalentes formados por la oxidación electrolítica de los ánodos de hierro o aluminio mejorando la coagulación de los compuestos en el medio acuoso, el movimiento electroforético tiende a concentrar las partículas cargadas negativamente en la región del ánodo y los iones cargados positivamente en el cátodo de modo que facilita la coagulación. Los iones liberados en los ánodos de sacrificio (Fe y Al) neutralizan las partículas cargadas con cargas opuestas, en combinación con la generación de H_2 y O_2 facilita la flotación y la coagulación de las especies en la solución. Las burbujas generadas en la electrolisis llevan al oro y la plata a la parte superior de la solución donde son concentradas, adsorbidas y eliminadas (Parga et al., 2005). El cambio frecuente de polaridad en los electrodos puede facilitar la eliminación de contaminantes orgánicos y metálicos (Gomes et al., 2007).

2.5.1 Teoría de electrocoagulación

La electrocoagulación es un proceso complicado que incluye fenómenos químicos y físicos que utilizan electrodos consumibles para suministrar iones en el agua. En la electrocoagulación los iones se producen ¨in situ¨ y consta de tres etapas: 1) formación del coagulante por oxidación electrolítica de los ánodos de sacrificio, 2) desestabilización de los contaminantes, partículas en suspensión y ruptura de emulsiones 3) agregación de fases desestabilizadas para formar para formar flóculos. Los mecanismos pueden resumirse en los siguientes pasos:

- La compresión de la capa doble difusa alrededor de las especies cargadas por las interacciones de iones generados por la oxidación del ánodo de sacrificio.

- Neutralización de las cargas de las especies iónicas presentes en el agua por los contraiones producidos por la disolución electroquímica del ánodo de sacrificio. Estos contra iones reducen la repulsión entre partículas electrostáticas a medida en que la atracción de Van der Waals predomina, lo que causa la coagulación.

- La formación de flóculos; el flóculo formado como resultado de la coagulación crea un manto de lodo que atrapa partículas coloidales que aún permanecen en el medio acuoso (Mollah et al., 2004).

La cantidad de electricidad que pasa a través de los electrodos en la celda de electrocoagulación es la responsable de la disolución y la depositación de iones metálicos. Una relación entre la corriente eléctrica y cantidad de metales disuelto en gramos es descripta en la ley de Faraday.

$$w = \frac{ItM}{nF} \qquad (23)$$

Donde W es la masa del electrodo disuelto en gramos (g)

I = corriente en amperes (A)

t = tiempo en segundos (s)

M = peso molecular (g/g-mol)

n= el número de electrones en la oxidación o reducción

F = constante de Faraday (A.s/eq).

2.5.2 Sobrepotencial en una celda de electrocoagulación

El potencial medido en una celda electroquímica es la suma de tres componentes:

$$\eta_{Ap} = \eta_k + \eta_{Mt} + \eta_{IR} \qquad (24)$$

Donde η_{Ap} es el sobrepotencial aplicado (V), η_k sobrepotencial cinético (V), η_{Mt} sobrepotencial por concentración (V), y η_{IR} sobrepotencial debido a la resistencia en la solución (V).

El η_{IR} relaciona la distancia entre los electrodos (d), el área superficial (A), la conductividad especifica de la solución (k) y la corriente eléctrica (I). Como se muestra en la siguiente ecuación.

$$\eta_{IR} = \frac{Id}{Ak} \qquad (25)$$

Lo que nos indica que se puede minimizar el sobrepotencial de la solución disminuyendo la distancia entre los electrodos, aumentando el área y la conductividad en la solución. Sobrepotencial por concentración η_{Mt}, también conocido como sobrepotencial de transferencia de masa o de difusión es debido a la concentración del analito en la proximidad de los electrodos, este sobrepotencial se puede reducirse incrementado la transferencia de masa de los iones en la solución a la superficie del ánodo mediante el aumento de la turbulencia. η_k sobrepotencial cinético también llamado potencial de activación el cual tiene origen en la barrera de energía de activación para las reacciones de transferencia de electrones. El sobrepotencial de activación es particularmente alto para la evolución de gases en ciertos electrodos. Tanto el cinético como el por resistencia aumentan al incrementar la corriente (Mollah et al., 2004).

2.5.3 Ventajas y desventajas

Ventajas

1. EC requiere un equipo simple y es fácil de operar.
2. El lodo formado por EC tiende a ser fácilmente estables y más fácil de secar, está compuesta de principalmente óxidos metálicos / hidróxidos. Por encima de todo, es una técnica de baja producción de lodos.
3. Los flóculos formados por EC son similares a los flóculos químicos, excepto que en EC tienden a ser mucho más grande, contiene menos agua ligada, es resistente a los ácidos y más estable, por lo tanto, puede separarse más rápido por filtración.
4. EC produce efluentes con menos contenido de sólidos disueltos totales (TDS) en comparación con tratamientos químicos.
5. El proceso de EC tiene la ventaja de eliminar las partículas coloidales más pequeñas, debido a que el campo eléctrico aplicado los pone en movimiento más rápido, lo que facilita la coagulación.
6. El proceso de EC evita usos de productos químicos, por lo que no hay ningún problema de neutralizar el exceso de productos químicos y no hay posibilidad de contaminación secundaria causada por sustancias químicas añadidas en una concentración elevada como cuando se utiliza la coagulación química de las aguas residuales.
7. Las burbujas de gas producidas durante la electrólisis pueden llevar el contaminante a la parte superior de la solución donde puede ser más fácilmente concentrada y removidas.
8. Los procesos electrolíticos en la celda de EC son controlados eléctricamente así que requiere menos mantenimiento

Desventajas

1. Los electrodos de sacrificio " se disuelven como resultado de la oxidación, y necesitan ser remplazados periódicamente.
2. El uso de la electricidad puede ser costoso en muchos lugares.
3. Una película de óxido impermeable puede estar formado sobre el cátodo conduce a la pérdida de la eficiencia de la unidad de EC.
4. Se requiere alta conductividad de la suspensión de las aguas residuales.
5. los hidróxidos formados pueden tender a solubilizar en algunos casos (Mollah et al., 2001)

2.5.4 Reacciones en el proceso de electrocoagulación

Las reacciones químicas que se han propuesto para describir el mecanismo de electrocoagulación en los electrodos hierro y aluminio son las siguientes.

Cuando los electrodos son de hierro

Ánodo

$$Fe_{(s)} \rightarrow Fe^{2+} + 2e\text{-} \qquad (26)$$

Cátodo

$$2H_2O + 2e^- \rightarrow H_{2(g)} + 2(OH)^- \qquad (27)$$

Reacción Global

$$Fe_{(s)} + 2H_2O_{(l)} \rightarrow Fe(OH)_{2(S)} + H_{2(g)} \qquad (28)$$

El pH del medio aumenta como resultado de este proceso electroquímico y los [Fe(OH)$_3$-Fe(OH)$_2$(s)] (**Figura 8**)permanece en la solución como una suspensión gelatinosa, que puede adsorber el oro y la plata de la solución cianurada, ya sea por la formación de complejos o por atracción electrostática seguida por la coagulación y flotación (Parga et al., 2013).

La Formación de óxidos de hierro como hematita, magnetita, e hidróxidos de hierro lepidocrocita y goetita. Se han identificado como subproductos de la electrocoagulación, por Parga et al., (2005) Y Gomes et al., (2007).

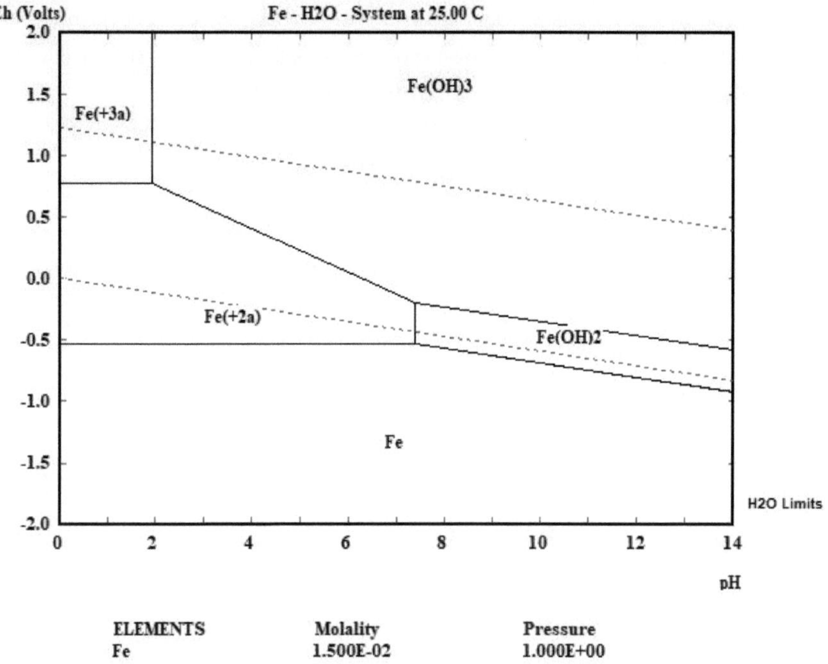

Figura 8. Diagrama de potencial vs pH para el hierro-agua a 25°C

El siguiente diagrama de poubaix muestra los principales productos de electrocoagulación utilizando ánodos de hierro: $Fe(OH)_2$ y $Fe(OH)_3$

Cuando los electrodos son de aluminio

Cátodo:

$$3H_2O + 3e^- \rightarrow 3/2H_{2(g)} + 3(OH)^- \tag{29}$$

Ánodo:

$$Al_{(s)} \rightarrow Al^{3+} + 3e^- \tag{30}$$

Reacción Global

$$Al_{(s)} + 3H_2O \rightarrow Al(OH)_{3(S)} + 3/2H_{2(g)} \tag{31}$$

En el proceso de electrocoagulación los iones de (Al^{3+}), que provienen de la oxidación electrolítica de los ánodos de aluminio, se hidrolizan espontáneamente, generando varias especies de acuerdo con el siguiente mecanismo (Kobya et al., 2011):

$$Al^{3+} + H_2O \leftrightarrow Al(OH)^{2+} + H^+ \tag{32}$$

$$Al(OH)^{2+} + 2H_2O \leftrightarrow Al(OH)_3 + 2H^+ \tag{33}$$

Sin embargo, dependiendo del pH del medio acuoso, otras especies monoméricas y poliméricas pueden estar presentes en el sistema, tales como $Al_2(OH)2^{+4}$, y $Al_3(OH)4^{+5}$, $Al_6(OH)15^{+3}$, $Al_7(OH)17^{+4,}$ $Al_{13}O_4(OH)_2^{+4}$, la cual final mente se transformará por sobresaturación en $Al(OH)_3(s)$ (**Figura 9**) de acuerdo con una compleja cinética de precipitación (Rebhun, y Lurie, 1993).

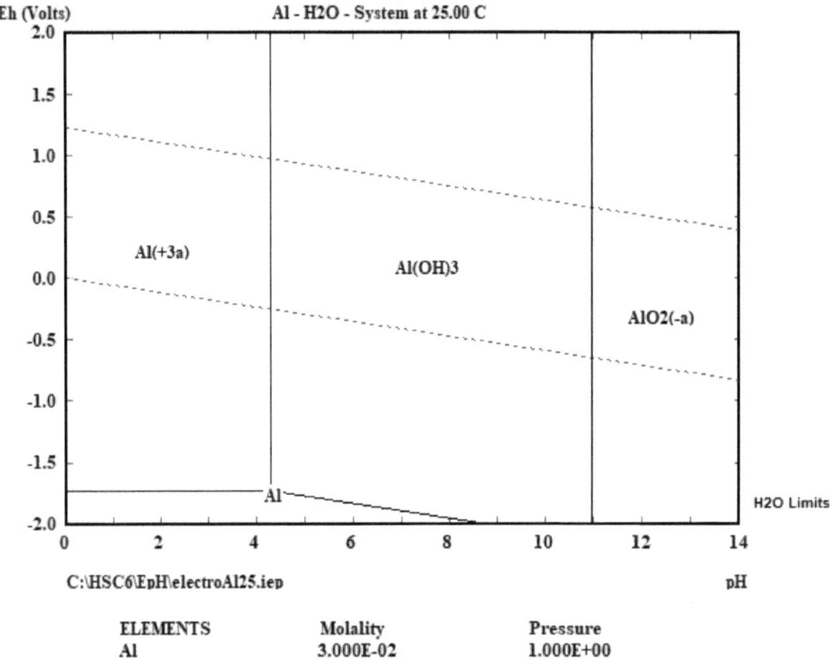

Figura 9. Diagrama de potencial vs pH para el hierro-agua a 25°C.

El proceso de adsorción de iones de metales pesados por flóculos de hidróxido de aluminio está compuesto de muchos procesos complicados, tales como formación de complejos, coagulación de barrido, coprecipitación y neutralización eléctrica (**Figura 10**) (Lu et al., 2015).

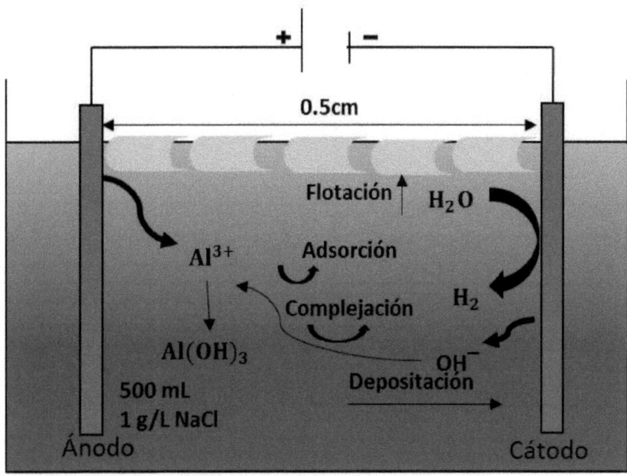

Figura 10. Diagrama de formación de hidroxidos de aluminio en una celda de electrocoagulación.

2.5.5 Configuración de los electrodos en una celda electroquímica

Una celda electroquímica compuesta solamente de un ánodo y cátodo puede no ser suficiente en la remoción de metales pesados del agua a nivel industrial. Por lo que se emplean los siguientes tipos de arreglos:

2.5.5.1 Electrodos monopolares con conexiones en serie

Los electrodos internos de la celda electroquímica están conectados entre sí sin tener conexiones con los electrodos exteriores, solo estos electrodos están conectados a la fuente de poder. En este arreglo se requiere voltajes elevados para un determinado flujo de corriente. Las celdas conectadas en serie generan una alta resistencia (Pretorius et al., 1991).

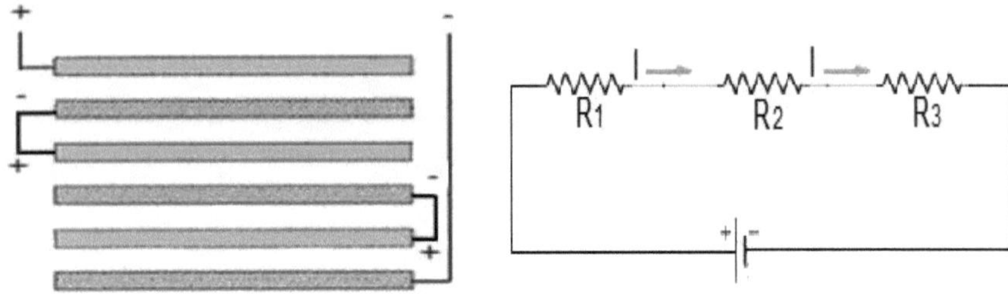

Figura 11. Electrodos monopolares con conexiones en serie

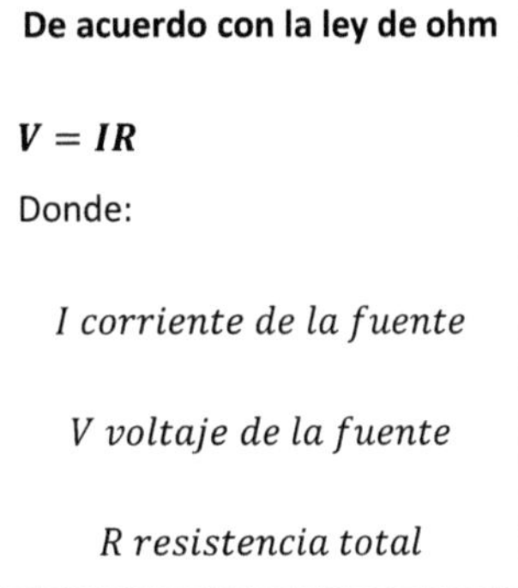

De acuerdo con la ley de ohm

$$V = IR$$

Donde:

I corriente de la fuente

V voltaje de la fuente

R resistencia total

2.5.5.2 Electrodos monopolares con conexiones en paralelo

En este tipo de arreglo se colocan alternados los ánodos y cátodos a la fuente de poder. En este tipo de arreglo la corriente es dividida entre todos los electrodos en relación con la resistencia de celdas individuales, mientras la diferencia de potencial seria la requerida por la celda individual (Pretorius et al., 1991).

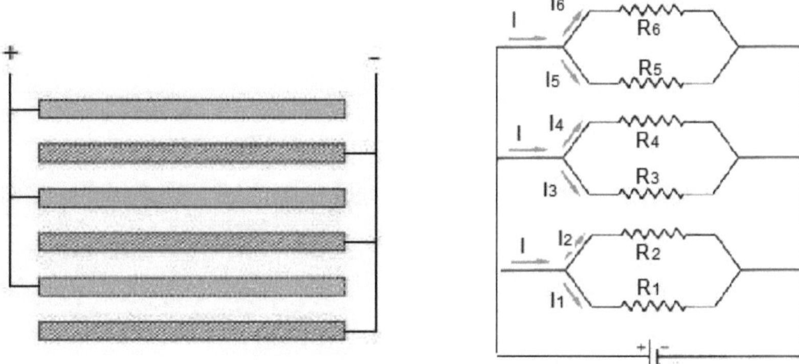

Figura 12. Electrodos monopolares con conexiones en paralelo

Flujo de corriente en un arreglo en paralelo

$$I = I_1 + I_2 + I_3$$

$$V = V_1 = V_2 = V_3$$

$$R = \frac{1}{\frac{1}{R_1} + \frac{1}{R_2} + \frac{1}{R_3}}$$

2.5.5.3 Electrodos bipolares con conexiones en serie

Los electrodos de sacrificio se colocan entre los dos electrodos monopolares sin ninguna conexión eléctrica. Solo los dos electrodos monopolares están conectados a la fuente de poder sin interconexiones entre los electrodos de sacrificio. En resumen, cada uno de los electrodos internos se llevaría a cabo las reacciones de oxidación y reducción (Pretorius et al., 1991).

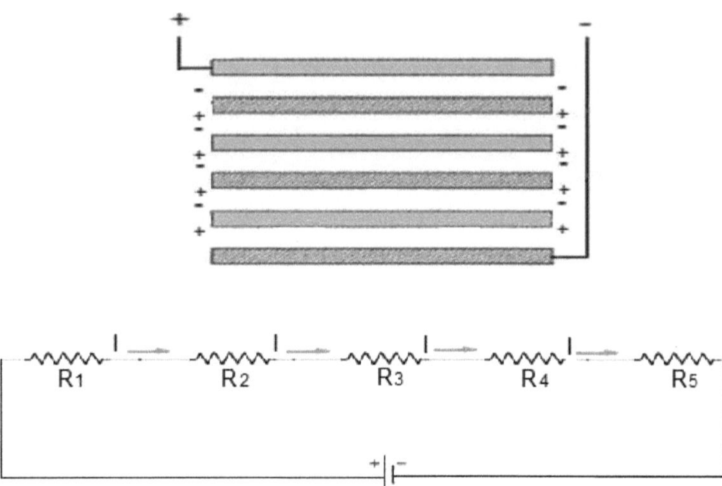

Figura 13. Electrodos bipolares con conexiones en serie

Flujo de corriente

$$I = I_1 = I_2 = I_3 = I_4 = I_5$$

$$R = R_1 + R_2 + R_3 + R_4 + R_5$$

$$V = V_1 + V_2 + V_3 + V_4 + V_5$$

2.5.5.4 Temperatura

La eficiencia de corriente en la electrocoagulación con electrodos de aluminio incrementa con el aumento de temperatura hasta llegar cerca de los 60°C donde se encuentra un máximo en EC. El aumento adicional de temperatura ocasiona una disminución en la eficiencia. El aumento de la eficiencia de electrocoagulación con la temperatura se atribuyó a la mayor actividad de destrucción de la capa de óxido de aluminio en la superficie del electrodo. Mientras que cuando la temperatura es demasiado alta, hay una disminución de los poros de $Al(OH)_3$ formando flóculos más compactos que son más propensos a depositar en la superficie del electrodo (Chen, 2004).

2.6 Celda de electrocoagulación, diseño y operación

Las celdas de electrocoagulación pueden ser construidas para sistemas batch y continuos. Las celdas batch son generalmente utilizadas tratar pequeñas cantidades de solución y durante la operación el volumen es constante. Las celdas continuas son mejores para tratamiento a gran escala y generalmente son menos costosos que los sistemas batch debido a que cuentan con un mayor número de electrodos por lo que tienen una mayor eficiencia de energía sin embargo a medida que trascurre el tiempo los electrodos se pasivan ocasionando problemas en la remoción de metales.

Para el escalamiento de las pruebas de electrocoagulación de laboratorio a nivel industrial. Uno de los parámetros más importantes en el escalamiento es el área específica de los electrodos (*a*) es la relación que hay entre el área activa de los electrodos (S) y volumen de la celda de electrocoagulación (V). Los análisis de este parámetro son reportados por Holt et al, 1999. En el cual se encuentra en el rango de 18.8 a 42.5 m^2/m^3.

$$a = \frac{S}{V} \ \left(\frac{m^2}{m^3}\right) \tag{34}$$

La densidad de corriente (corriente por unidad de área activa) y la relación S/V pueden ser empleados como parámetros básicos en el escalamiento. Si la densidad de corriente es muy grande, parte de la energía que se emplea para llevar las reacciones de oxido-reducción se pierde por calentamiento de la solución, y la eficiencia de energía puede decrecer.

2.6.1 Densidad de corriente

La densidad de corriente (J) es la corriente suministrada (I) en amperes a los electrodos dividido por el área activa (S). La variación de la corriente fácilmente controla este parámetro. La densidad de corriente determina tanto la velocidad electroquímica de la dosificación de los iones metálicos en la solución para formar hidróxidos, el cual será el adsorbente. Se debe considerar al buscar la óptima densidad de corriente los siguientes parámetros; pH, distancia entre los electrodos, temperatura, etc.

$$J = \frac{I}{S} \left(\frac{A}{m^2}\right) \tag{35}$$

Heidmann & Calmano (2008), investigaron sobre los mecanismos de eliminación de los metales. Los iones Zn, Cu, Ni y Ag se hidrolizan y coprecipitan como hidróxidos. Se propuso que Cr (VI) se redujera primero a Cr (III) en el cátodo antes de precipitar como hidróxido. La densidad de corriente en estos experimentos fue de 3.3 A/m^2 a 98 A/m^2.

2.6.2 Consumo de los electrodos

En el proceso de electrocoagulación se calcula el peso de los electrodos durante la disolución de los ánodos con la ley de Faraday, esto se compara con la perdida en peso mediante una balanza analítica. La pérdida de los electrodos se expresa en gramos (g). Un parámetro de necesario para el escalamiento es el consumo de los electrodos. El consumo de los electrodos (ρ) es la cantidad que se disuelve de los electrodos (W) entre el volumen de solución (V), nos da la siguiente relación de adsorbente en gramos por litro (g/L), o kilogramo por metro cubico (kg/m^3).

$$\rho = \frac{W}{V} \left(\frac{kg}{m^3}\right) \tag{36}$$

Gatsios et.al,2015, determinaron la perdida de los electrodos para agua de desecho usando la combinación de electrodos de hierro/aluminio en la remoción de cobre manganeso y zinc. Para el hierro fue de 1.6 g/L y el aluminio 3.5 g/L.

Kim et al. 2019, realizaron una investigación para tratamiento de aguas residuales contaminadas con metales pesados que contienen cianuro. Se formaron 3,64–4,74 g/L de lodo utilizando electrodos de hierro. Usando un electrodo de aluminio se generaron 4,48–4,76 g/L de lodo durante la extracción de metales de las aguas residuales.

2.6.3 Consumo de energía

El consumo de energía por unidad de volumen de solución viene dado por:

$$E = (I * U * t)/(1000 * V) \tag{37}$$

Donde U es el voltaje de la celda (V), I es intensidad de corriente (A), t es tiempo de la electrolisis en horas (h) and V es el volumen de solución a tratar (m^3).

Gatsios et.al,2015, calculo el consumo de energía para agua de desecho usando la combinación de electrodos de Fe/Al en la remoción de cobre manganeso y zinc. Los consumos de energía con electrodos de hierro fueron alrededor de 22 kWh/m^3 y con aluminio 5.8 kWh/m^3.

Kim et al. 2019, investigaron la eliminación de (Cromo, níquel, zinc y cobre) en cianuro. Obtuvieron un consumo de energía de 4,80–5,04 kWh/m^3 con electrodos de hierro. Los electrodos de aluminio consumieron 2,76–3,84 kWh/m^3 de energía.

Xu et al. 2018, investigaron en una celda con recirculación la remoción a altas concentraciones de zinc, cadmio y manganeso. Los experimentos se realizaron con electrodos de hierro. Se evaluó la densidad de corriente de 100 a 200 A/m^2. Con un consumo de energía de 14.74 kWh/m^3 y consumo de los electrodos de 2.09 kg/m^3.

2.7 Eliminación de metales pesados mediante una celda de electrocoagulación batch

Prica et al., 2012, llevaron a cabo un estudio de eliminación de cobre, zinc y níquel de una solución de desecho. Los experimentos se realizaron con 4 diferentes combinaciones de electrodos de hierro y aluminio, los resultados muestran que a mayor densidad de corriente se obtuvo mayor remoción, para el cobre la más alta eficiencia se logró una distancia entre los electrodos de 1.0 cm para todas las combinaciones de electrodos, mientras que para el níquel y zinc se logró a una distancia de 1.5 cm.

2.7.1 Efecto de la concentración de cobre, oro y plata en la recuperación mediante electrocoagulación

Algunos estudios que se han realizado para la recuperación de oro y plata contenida en la solución rica del proceso de cianuración, mediante la tecnología de electrocoagulación con electrodos de hierro. Donde el contenido promedio de la plata solución rica era de 52 mg/L, fue obtenida una recuperación de 99% de plata, con los siguientes parámetros, pH = 8, tiempo de residencia = 20 minutos, densidad de corriente (0.44 A por cm^{-2}) y adición de cloruro de sodio = 4 g /L Vázquez et al., 2014. Por otra parte, Figueroa et al., 2012, estudio el comportamiento de la recuperación de oro y plata en el cual contenía altas concentraciones de oro y plata en la solución, la concentración inicial de oro (13.25 mg/L) y plata (1357 mg/L), pH=8, tiempo de residencia de 5 minutos, distancia entre los electrodos de 0.5 cm, densidad de corriente (0.0055 A por cm^{-2}) y 1 g/L de NaCl, con recuperaciones mayores al 99%.

(Parga et al., 2013). Emplearon el proceso de electrocoagulación, en el cual se obtuvo una eliminación del 99% del cobre de las soluciones estéril de lixiviación. Las condiciones de operación en este proceso que se emplearon, pH=8, tiempo de residencia de 20 minutos, densidad de corriente (0.42 A por cm^{-2}) y 4 g/L de NaCl.

2.8 Estudios con celdas de electrocoagulación con flujo continuo

Mollah et al., 2004, en una celda de electrocoagulación de flujo continuo eliminaron eficazmente el 99% del colorante de agua residual. Se encontró que la eficacia de eliminación dependía del pH inicial, concentración de electrolito, concentración de colorante, densidad de corriente aplicada, velocidad de flujo y del reciclado de la solución de colorante.

Hamdan y El-Naas (2014) utilizaron una celda de electrocoagulación para tratar el agua subterránea dentro de los límites del agua potable. Se usó hierro para ambos electrodos con un ánodo de barra y un cátodo helicoidal dentro de una columna de plexiglás operada en modo continuo, con mezcla de aire. En condiciones óptimas, se logró la eliminación del 100% de cromo con un consumo mínimo de energía de 0,75 kWh/m^3.

Lu et al., 2015, investigaron la remoción de níquel en una celda de electrocoagulación continúa utilizando electrodos de aluminio encontraron: al incrementar la densidad de corriente y disminuir el flujo volumétrico aumentaba el porcentaje de remoción de níquel. La remoción depende de la dinámica del fluido y de la transferencia de masa. La optimización del reactor se hizo en base a la relación molar de Ni/Al.

Escobar et al., 2004, realizaron un estudio de optimización de remoción de cobre, plomo y cadmio en agua potable y de desecho. Las condiciones óptimas que identificaron fueron a un pH=7, 6.3 mL/min y densidad de corriente el siguiente rango (31 a 54 A/m²).

2.9 Estudios termodinámicos en electrocoagulación

Parga et al., (2014), realizaron un estudio termodinámico de la eliminación de arsénico mediante electrocoagulación. Se utilizó la isoterma de Langmuir en su forma linealizada para describir la adsorción del sistema.

Kamaraj y Vasudevan (2014), realizaron un estudio de electrocoagulación para la eliminación de cesio y estroncio del agua, en la cual utilizaron las Isotermas de Freundlich y Langmuir para la adsorción de estos metales del agua, en el cual la isoterma de Langmuir ajusto mejor los resultados experimentales. Los resultados termodinámicos que obtuvieron a una temperatura de 40 °C: $\Delta G°$ = - 66.87 (J/mol), $\Delta H°$ =52.39 (kJ/mol) y $\Delta S°$ = 1.52 (J/ mol °K).

2.10 Estudios cinéticos en electrocoagulación

Kamaraj y Vasudevan (2014) realizaron una investigación empleando los modelos cinéticos de primer y segundo orden de Lagergren. En el cual se utilizó una concentración inicial de estroncio y cesio (5 mg/l) contra varias densidades de corriente de 0.02 a 0.08 A/ dm2.

Kobia et al., (2005) utilizaron el modelo cinético de segundo orden de Lagergren para la remoción de arsénico de agua empleando electrodos de hierro y aluminio.

Donde q_e (mg/g) y q_t (mg/g) es la cantidad adsorbida de equilibrio y un determinado tiempo en los hidróxidos generados en la electrocoagulación y K_2 $(\frac{g}{mg-min})$ es la constante de velocidad para el modelo de cinética de segundo orden.

2.11 Caracterización de los sólidos de electrocoagulación

Los sólidos provenientes de la oxidación de los ánodos de hierro han sido caracterizados por parga et al, 2012 en el que encontraron mediante los análisis de Microscopia electrónica de barrido (SEM-EDS), Difracción de rayos X (RXD) y Espectroscopia de Transmisión de Mössbauer. Los resultados sugieren que están presentes partículas de magnetita (Fe_3O_4) y oxihidróxidos de hierro amorfo (lepidocrocita(γ-$Fe^{3+}O(OH)$)) y goetita (α-$Fe^{3+}O(OH)$)). Lograron una eficiencia de eliminación de plata y oro de las soluciones de cianuro del 99%. Kim et al 2019, analizo los sólidos mediante Espectroscopia infrarroja por transformada de Fourier (FTIR), XRD, and SEM-EDS. El lodo de hierro estaba compuesto principalmente de Magnetita (Fe_3O_4) y oxihidróxidos de hierro (FeO(OH). Con electrodos de aluminio el lodo contenía principalmente oxihidróxido de aluminio (AlO(OH)).

CAPÍTULO 3

MATERIALES Y MÉTODOS

3.1 Materiales

Los reactivos que se utilizaron son los siguientes:

- Agua Destilada
- Cianuro de Sodio
- Hidróxido de Sodio
- Ácido sulfúrico al 1% en peso
- Estándar de oro
- Nitrato de plata
- Sulfato de cobre

Los Electrodos de trabajo son de hierro y aluminio con un área activa de 20 cm^2

Vaso de precipitado de 200 mL

Celda de acrílico de 500 mL

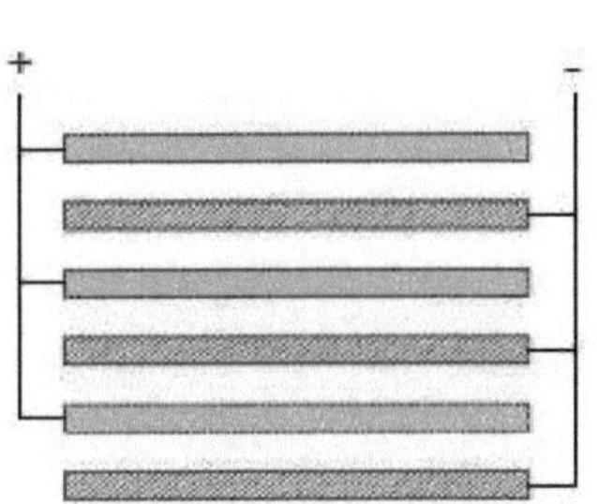

$$I = I_1 + I_2 + I_3$$

$$V = V_1 = V_2 = V_3$$

$$R = \frac{1}{\frac{1}{R_1} + \frac{1}{R_2} + \frac{1}{R_3}}$$

Figura 14. Arreglo de los electrodos en la celda de electrocoagulación.

3.2 Equipo

Se utilizó un agitador magnético marca corning modelo PC-310, una fuente de poder regulada (modelo PRL-25 marca Steren), un medidor de pH modelo 5938-10, la filtración se realizó con papel filtro Whatman No. 42, diámetro 125 mm. (ver **Figura 16**) La concentración de plata y oro en la solución cianurada se determinó mediante el equipo de absorción atómica (**Figura 15**).

Figura 15. Equipo de absorción atómica (Perkin Elmer AAnalyst 400).

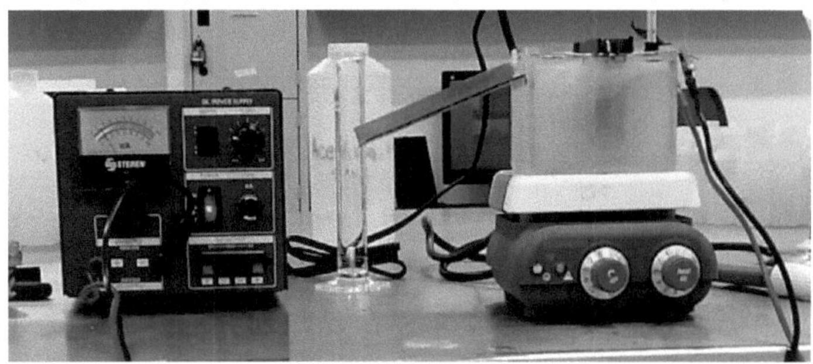

Figura 16. Fuente de poder regulada (modelo PRL-25 marca Steren)

3.3 Métodos

3.3.1 Experimentos batch

Los experimentos batch se llevaron a cabo en un vaso de precipitado de 200 ml. Se instalaron dos electrodos verticalmente con un espaciador para garantizar la distancia de 0.5 cm. Los electrodos consisten en placas de aluminio y hierro con una dimensión de $70cm \times 30cm \times 0.2cm$. El área de una cara del electrodo es de alrededor de 20 cm². Se preparo una solución al 0.2% en peso, 174 mg/L de plata, 10 mg/L de oro. Se evaluó el efecto de pH 10, 11 y 12 en la recuperación de plata y oro.

3.3.2 Experimentos en la celda de electrocoagulación con flujo continuo de solución

Para las pruebas de Electrocoagulación, se diseñó la celda de flujo continuo donde se consideran módulos separados una etapa de disolución de los ánodos y una en la que se precipitan los sólidos generados. La celda electrolítica es de medio litro, el material con el cual está construido es de acrílico, en la parte superior tiene dos barras de cobre que distribuyen la corriente a través de los electrodos en la cual se pueden acomodar hasta 8 electrodos, el tipo de arreglo de los electrodos es monopolar en paralelo, se utilizó electrodos de hierro y aluminio, con un área de aproximadamente 20 cm² por electrodo (**Figura 19**), los cuales están conectados en paralelos con una separación de electrodos de 0.5 cm. Se lleno la celda con la solución al 0.2% peso de NaCN, 90 mg/L de plata y 5 mg/L de oro. Una vez que se conectó los electrodos a la fuente de corriente directa y el mecanismo de agitación, se hizo circular la solución de un matraz de precipitados de 2 litros a la celda de electrocoagulación mediante una bomba peristáltica, el flujo volumétrico se midió en la entrada de la celda (mL/min), en la entrada y la salida se tiene el mismo flujo de volumétrico, la solución cae por gravedad a un matraz de precipitados de 2 litros (**Figura 18**). Para el análisis de recuperación en los flóculos formados durante la electrocoagulación se hizo en base a la concentración inicial de la solución y a diferentes tiempos a la salida de la celda. En resumen, se evaluó el efecto de área específica de los electrodos, densidad de corriente, consumo de energía, consumo de los electrodos en la recuperación de oro y plata en una celda de electrocoagulación de flujo continuo. Se utilizo la misma celda de medio litro para comparar las pruebas batch y con flujo continuo. Con las mismas condiciones de operación a un pH de 11. Las concentraciones de plata (90 mg/L), oro (5 mg/L), 0.2% en peso de NaCN y 1 g/L de NaCl. Se determino el peso de los ánodos que se perdió mediante una balanza analítica pesando los electrodos antes y después del proceso de electrocoagulación. Con el volumen de la celda y el peso de los ánodos que se disolvió se evaluó consumo de los electrodos versus consumo de energía igualmente se evaluó el consumo de los electrodos versus porcentajes de recuperación.

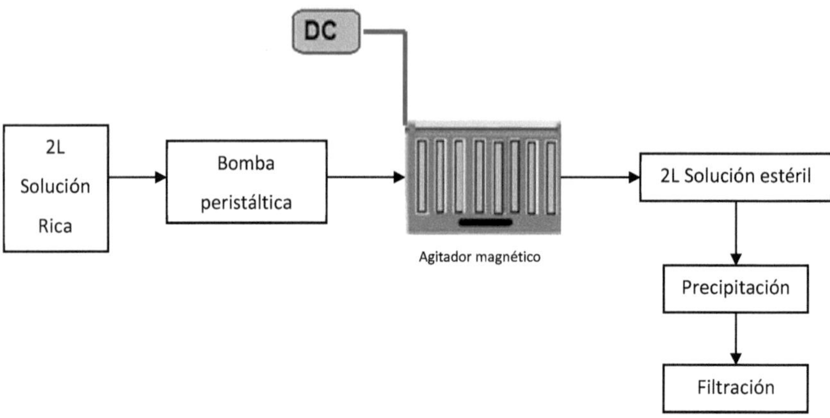

Figura 18. Diagrama del proceso de Electrocoagulación con flujo continuo de solución

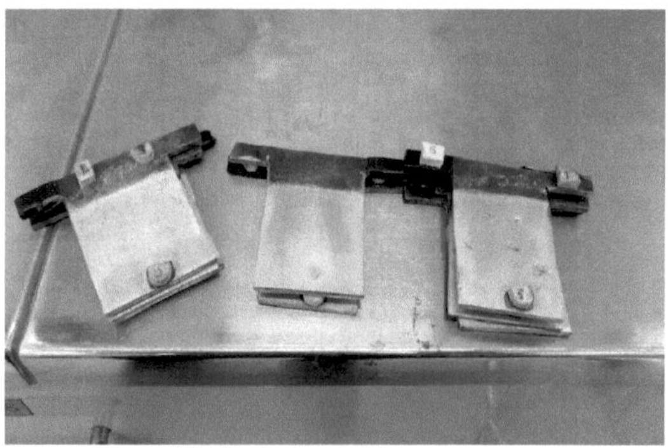

Figura 19. Electrodos de hierro.

3.3.2 Caracterización de los sólidos de electrocoagulación

Al precipitado formado durante el proceso de electrocoagulación, se analizó su morfología e identificación de especies mediante las técnicas de caracterización de Difracción de rayos X y Microscopia electrónica de barrido.

Difracción de rayos X

La técnica de Difracción de rayos X se utilizó para conocer las especies en las que se encuentra atrapado el oro y la plata.

Figura 20. Equipo de difracción de rayos X marca BRUKER D8 advence del Departamento de Geología de la Universidad de Sonora.

Microscopia electrónica de barrido

El estudio realizado mediante microscopia electrónica de barrido proporciona información sobre la morfología, imágenes topográficas de la superficie del sólido, tamaño de partícula y sobre la composición de la muestra. Este equipo también tiene incorporado un sistema de detección de rayos X por dispersión de energía (EDS) lo que permite realizar un análisis cualitativo y cuantitativo de los elementos presentes en el precipitado.

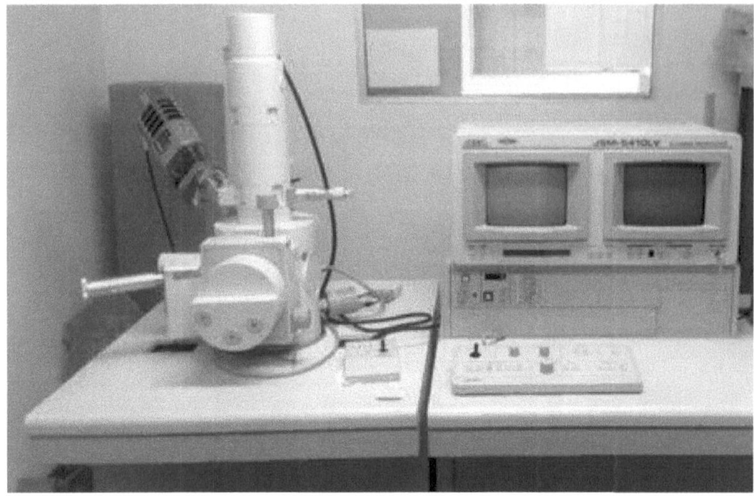

Figura 21. Equipo de microscopia electrónica de barrido del Departamento Investigación en Polímeros y Materiales de la Universidad de Sonora.

3.3.3 Análisis termodinámico

El análisis termodinámico se realizó mediante las pruebas de electrocoagulación a una solución de cianuro con diferentes concentraciones de oro y plata (**Tabla 1**). Se pesó en una balanza analítica la masa que se disuelve de los electrodos y por medio el equipo de absorción atómica se cuantificó la cantidad de oro y plata que se adsorbió durante el proceso de electrocoagulación. Se calculó la adsorción de la siguiente forma $q_e = V \left(\frac{C_0 - C_e}{W}\right)$ donde q_e (mol/g) son lo miligramos adsorbidos de oro, plata o cobre por gramo de adsorbente, V es volumen de la celda electrolítica,

C_o es la concentración inicial de oro o plata, C_e concentración de equilibrio y W es la cantidad que se disuelve en los electrodos, por último se graficó la adsorción versus concentración de equilibrio y se determinó cual es la isoterma que mejor ajuste los resultados experimentales.

Tabla 1. Condiciones experimentales para el análisis termodinámico de la electrocoagulación de oro y plata.

Au (mg/L)	Ag (mg/L)	Cu(mg/L)	NaCN	(mg/L) Inicial CN-	(mg/L) Final CN-
5	100.44	96.02	0.20%	467	743
10	176.5	236.5	0.20%		
8	151.65	279.7	0.20%	212	573
10.18	261.65	415.55	0.25%		
3.861	743.4	332.6	0.35%	451	584
3.861	743.4	332.6	0.35%	451	690
8	866.1	780.1	0.65%	425	1072

3.3.4 Análisis cinético

El análisis cinético de adsorción se realizó durante el proceso de electrocoagulación a una solución con diferentes concentraciones de oro y plata. Se tomó una muestra en intervalos de 3 minutos, cinco en total, a las cuales se les midió por medio de absorción atómica la concentración de oro y plata. Se graficó la adsorción de oro y plata contra el tiempo.

Modelos de cinética de adsorción. Para describir los datos experimentales de adsorción de plata, oro y cobre, se seleccionó la ecuación de Elovich y de pseudo segundo orden.

CAPÍTULO 4

RESULTADOS Y DISCUSIÓN

4.1 análisis de electrocoagulación

Condiciones de operación para las pruebas batch: Volumen 200 mL, Ag = 174mg/L, Au = 10mg/L, 0.2% NaCN, 1 g/L NaCl, 10 volts, 2.5-3 amperes and 9 minutos.

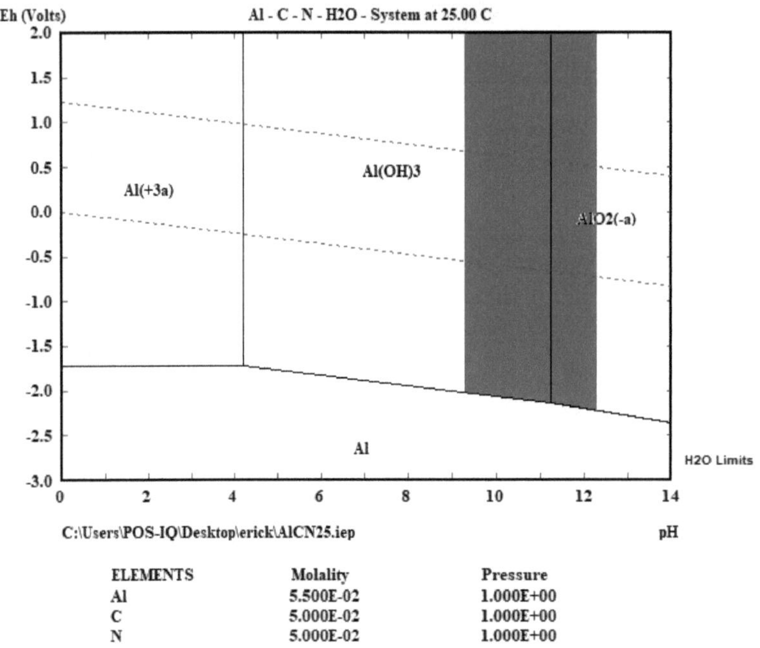

ELEMENTS	Molality	Pressure
Al	5.500E-02	1.000E+00
C	5.000E-02	1.000E+00
N	5.000E-02	1.000E+00

Figura 22. Diagrama de Eh-pH para el sistema Al (0.05M)-CN(0.05M)-H_2O a 25 °C.

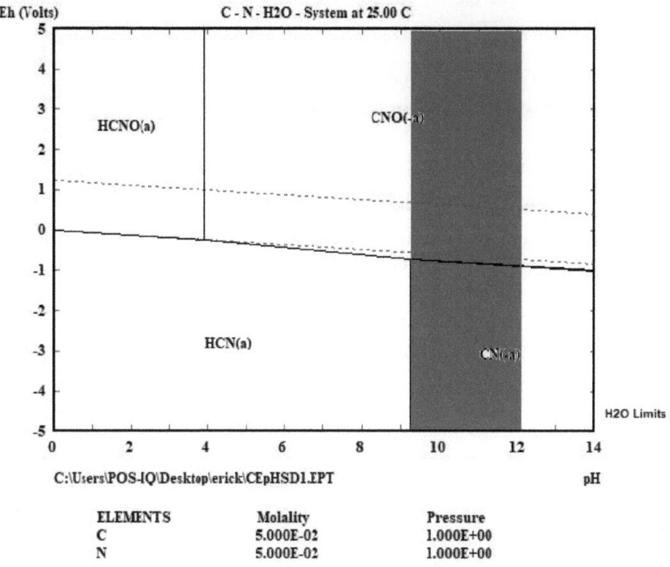

Figura 23. Diagrama de Eh-pH para el sistema [CN]=0.05M- H_2O a 25°C

4.1.1 Efecto de pH en la recuperación de plata y oro.

En las pruebas de la **Figura 24** los resultados nos indican que se obtiene mejor recuperación de plata y oro en el siguiente orden pH:12>pH:11>pH:10. En el proceso de cianuración el pH que se recomienda es en el siguiente rango (11-12) por lo que no se requeriría ajustar el pH al

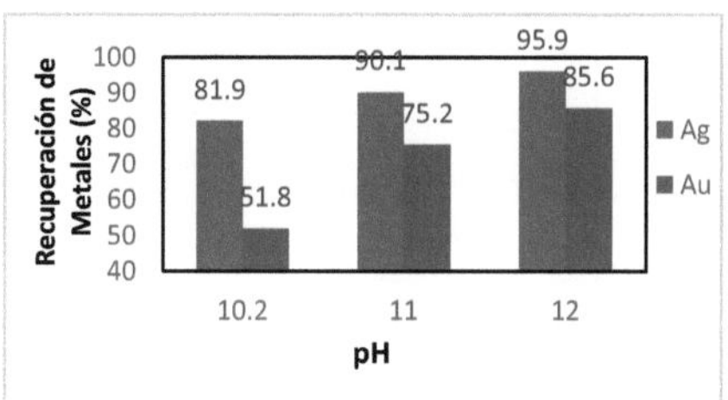

Figura 24. Al(+)/Fe(-), Effecto del pH en la recuperación de plata y oro

momento de ingresar a la celda de electrocoagulación empleando ánodos de aluminio y cátodos de hierro.

4.1.2 Efecto del cambio de polaridad en la recuperación de plata y oro.

En la **Figura 25** en estas pruebas se cambió la polaridad a un pH=11, a medida que le damos más tiempo al ánodo de hierro durante el proceso de electrocoagulación se obtiene menor porcentaje de recuperación de estos metales en los sólidos de electrocoagulación.

En las pruebas correspondientes a la **Figura 26** se cambió la polaridad con electrodos de aluminio y hierro, a un pH=10. Los porcentajes de recuperación de plata y oro incrementan cuando se la da más tiempo al ánodo de hierro que al de aluminio.

En la **Figura 27** a medida que aumentamos el tiempo al ánodo de hierro los porcentajes de recuperación de plata y oro incrementan cuando nuestro pH inicial es 9.4, pero bajo estas condiciones hay formación de HCN durante el proceso de electrocoagulación.

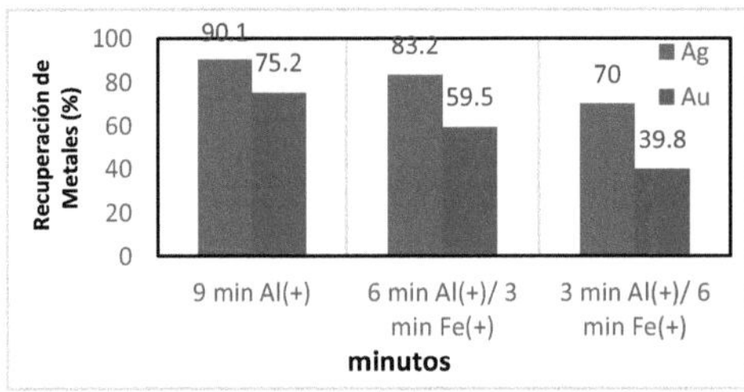

Figura 25. Efecto del cambio de polaridad en la recuperacion de plata y oro a un pH:11.

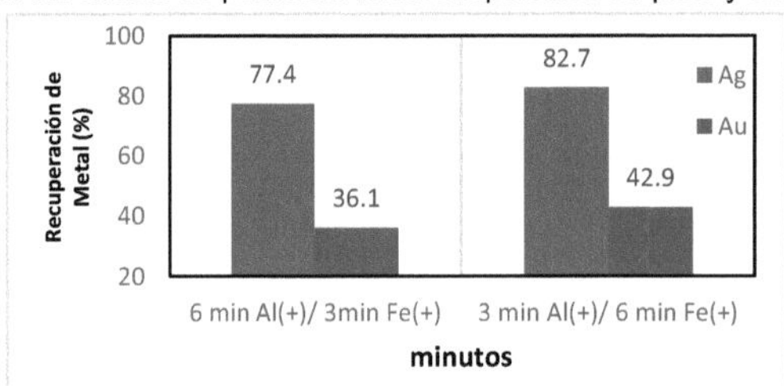

Figura 26. Efecto del cambio de polaridad en la recuperacion de plata y oro a un pH:10.

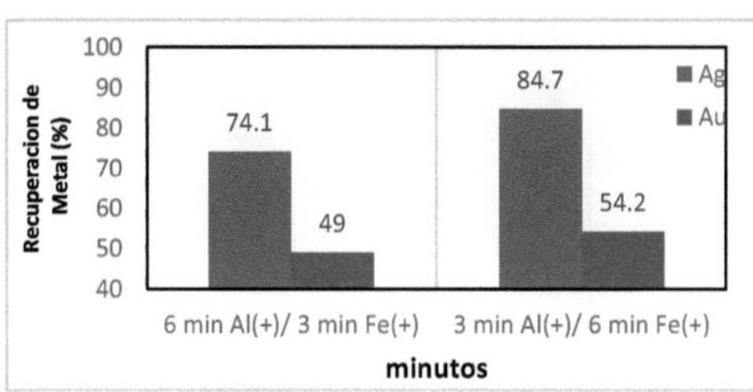

Figura 27. Efecto del cambio de polaridad en la recuperación de plata y oro a un pH:9.4.

4.2 Resultados de electrocoagulación en la celda con flujo continuo de solución

Cuando el pH fue de 11, concentración de plata (90mg/L) y oro (5 mg/L), el flujo volumétrico de 16.5 mL/min, distancia de los electrodos de 0.5 cm, densidad de corriente de 180 A/m^2, área específica de (24 m^2/m^3), los porcentajes de recuperación de plata y oro fueron alrededor de 90% (**Figura 28 y 29**).

La eficiencia de recuperación de oro y plata disminuye cuando se incrementa el flujo volumétrico. Esta reducción es debido a la disminución del tiempo de residencia en la celda de electrocoagulación. Estos cambios son significativamente mayores cuando la densidad de corriente es de 107 A/m^2 que cuando se utilizó 180 A/m^2, esto nos indica que se obtiene mejor recuperación cuando la densidad de corriente es de 180 A/m^2 debido a que se genera mayor de cantidad de coagulante por el aumento del flujo de corriente que pasa a través de los electrodos, también hay menor pasivación de los electrodos y la generación de H$_{2(g)}$ en el cátodo aumenta el movimiento de los iones en la solución por lo que son adsorbidos más rápidamente en los flóculos de electrocoagulación.

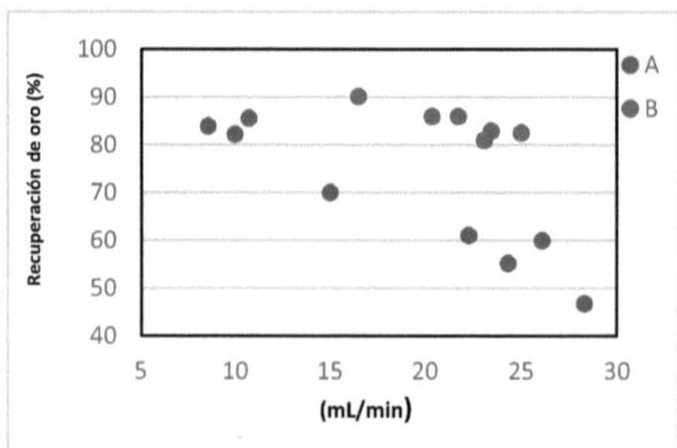

Figura 28. Efecto del flujo volumétrico en la recuperación de oro:(A) 107A/m², (B) 180A/m²

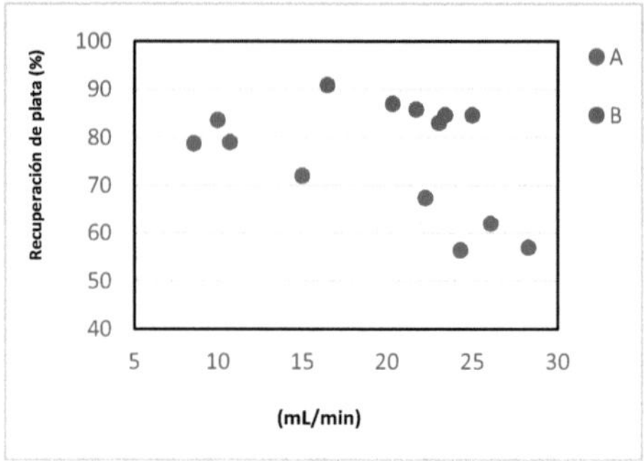

Figura 29. Efecto del flujo volumétrico en la recuperación de plata: (A) 107 A/m², (B) 180 A/m².

Con la electrolisis de agua se forma simultáneamente en el ánodo $O_{2(g)}$ y en el cátodo $H_{2(g)}$ en este sistema electroquímico, la reacción principal es la oxidación del ánodo de aluminio para formar iones de Al^{3+} por lo tanto la generación $H_{2(g)}$ es mayor que la generación de $O_{2(g)}$. La reacción en el cátodo también produce iones OH^- los cuales se consumen en la formación de hidróxidos de aluminio en la solución de cianuro.

4.2.1 Efecto del área de los electrodos

Los siguientes experimentos se realizaron con las siguientes condiciones plata 90 mg/L, oro 5 mg/L, 0.2 % NaCN, pH=11, distancia entre los electrodos de 0.5 cm y 1 g/L de NaCl (**Tabla 2**). En el cual se estuvo incrementando el área específica de los electrodos (m^2/m^3) en la celda de electrocoagulación. Al incrementarse el área hay una disminución en el consumo de energía. El cambio más significativo es cuando el consumo de los electrodos es de 1 g/L al incrementar el área específica de 8 m^2/m^3 a 24 m^2/m^3 el consumo de energía disminuye de 37 a 18.4 kWh/m3. El área específica es de 56 m^2/m^3 nos da la mejor relación de consumo de energía y consumo de los electrodos (**Figura 30 y 31**). No hay un cambio significativo con el incremento del área en los electrodos en la recuperación de plata y oro, bajo las condiciones a las que se realizaron los experimentos. Se alcanzo una recuperación de oro y plata de alrededor de 85%. Los mayores porcentajes de recuperación que se obtuvieron fueron de 90%. Cuando incrementa el consumo de los electrodos aumentan los porcentajes de recuperación de oro y plata en los lodos de electrocoagulación.

Tabla 2. Efecto del área específica (A ($8m^2/m^3$), B ($24\ m^2/m^3$) y C ($56\ m^2/m^3$)) en el consumo de los electrodos, consumo de energía y porcentajes de recuperación.

$8m^2/m^3$				$24\ m^2/m^3$				$56\ m^2/m^3$			
g/L	% Ag	% Au	kWh/m³	g/L	% Ag	% Au	kWh/m³	g/L	% Ag	% Au	kWh/m³
				0.413	57.0	46.8	6.63	0.447	67.4	61.0	6.73
				0.632	77.2	76.6	7.91	0.630	56.4	55.2	6.17
				0.979	86.7	86.6	16.39				
1.026	77.81	73	36.97	0.985	81.9	84.4	18.42	1.031	71.9	72.4	13.54
				1.150	79.0	85.6	19.25				
				1.266	81.5	83.4	25.33	1.3	84.0	86.6	15.17
				1.310	83.6	82.2	20.63				
				1.394	78.8	85.2	25.00	1.629	90.9	90.2	22.95

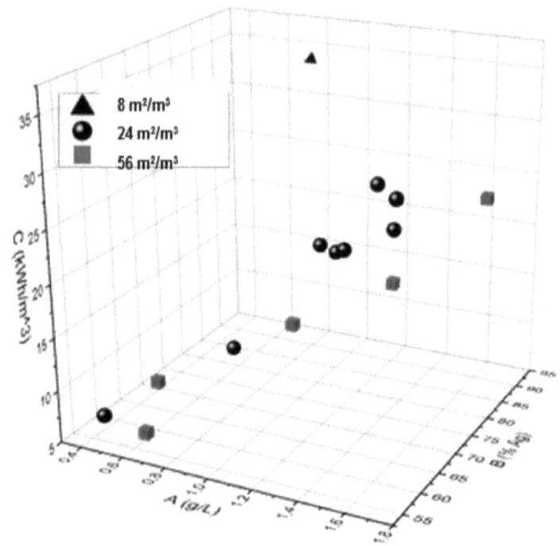

Figura 30. Efecto del área específica (A (8 m2/m3), B (24 m2/m3) y C (56 m2/m3)) en consumo de los electrodos, consumo de energia y porcentajes de recuperacion de plata.

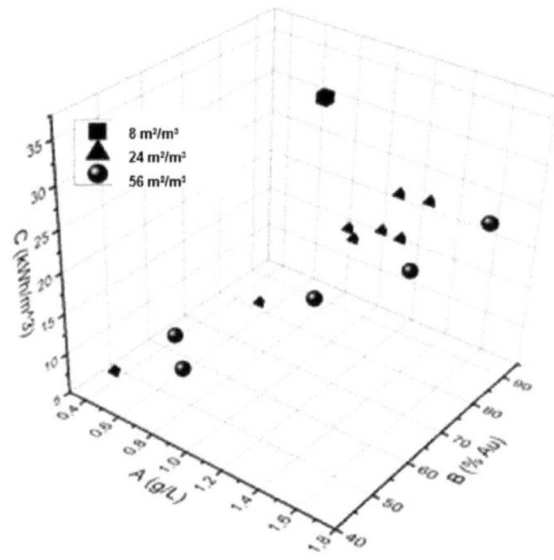

Figura 31. Efecto del área específica (A (8 m2/m3), B (24 m2/m3) y C (56 m2/m3)) en consumo de los electrodos, consumo de energia y porcentajes de recuperacion de oro.

4.2.3 Comparación entre experimentos batch y continuos

Se comparó los resultados de consumo de energía, consumo de los electrodos y porcentajes de recuperación con las siguientes condiciones: plata 90 mg/L, oro 5 mg/L, pH=11 y 56 m^2/m^3 (**Tabla 3**) Se encontró que hay menor consumo de energía en las pruebas batch que en la celda de electrocoagulación con flujo continuo esto se puede atribuir a que en los primeros minutos de las pruebas hay menor pasivación, la formación de óxido de aluminio que se forman en los ánodos evita que se generen iones de aluminio que son los encargados de llevar a cabo la coagulación aumentando el consumo de energía. Los resultados en las **figuras 32 y 33** nos indican que hay mayor recuperación de estos metales en las pruebas batch que en las de flujo continuo. Las ventajas de utilizar celdas de electrocoagulación de flujo continuo es que no se tiene esa limitante del volumen de la solución, disminuiría los costos de mano de obra debido a la limpieza periódica de los electrodos por parte de los operadores, la flotación de los flóculos permitiría su separación en una etapa posterior por precipitación y filtración.

Tabla 3. Comparación del tipo de celda de electrocoagulación (Continuo y batch) en el consumo de energía, consumo de los electrodos y porcentajes de recuperación.

Continuo				Batch			
g/L	% Ag	% Au	kWh/m³	g/L	% Ag	% Au	kWh/m³
0.45	67.37	61.00	6.73	0.41	77.82	74.20	2.17
0.63	56.40	55.20	6.17	0.43	81.89	80.00	2.33
				0.85	83.40	79.80	6.93
1.03	71.89	72.40	13.54	1.12	93.20	86.40	10.50
				1.21	93.70	82.80	9.00
1.30	84.03	86.60	15.17	1.33	90.60	79.60	10.20
				1.35	87.29	83.00	16.50
1.63	90.90	90.20	22.95	1.56	97.90	81.60	14.99

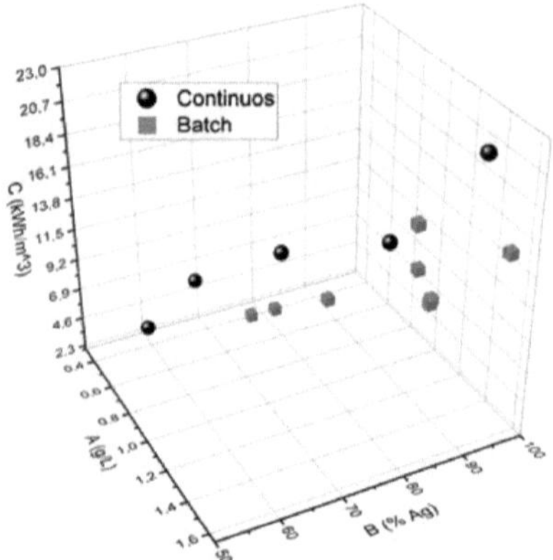

Figura 32. Efecto del tipo de celda de electrocoagulación (A (continuo) y B (batch)) en el consumo de los electrodos, consumo de energía y recuperación de plata.

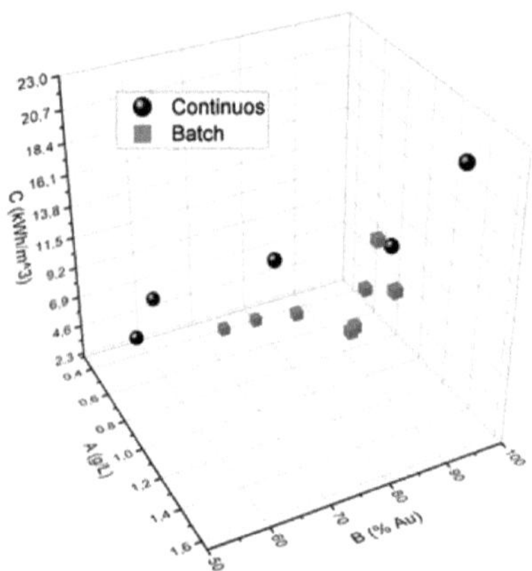

Figura 33. Efecto del tipo de celda de electrocoagulación (A (continuo) and B (batch)) en el consumo de los electrodos, consumo de energía y recuperación de oro.

4.3 Estudio termodinámico

El estudio termodinámico se realizó de la siguiente forma, primero se calculó la adsorción de la siguiente forma $q_e = V\left(\frac{C_0 - C_e}{W}\right)$ donde q_e (mg/g) son lo miligramos adsorbidos por gramo de aluminio, V es volumen de la celda electrolítica, C_o es la concentración inicial, C_e concentración de equilibrio y W es la cantidad de aluminio que se disuelve en los electrodos (ver **Tabla 4**).

Tabla 4. Resultados experimentales de adsorción de oro

g/L	C_o(mg/L)	C_e(mg/L)	q_e (mg/g)
1.038	10	0.78	8.885
0.938	8	1.185	7.267
0.904	8	1.355	7.351
0.910	10.2	3.066	7.821
1.063	10.2	0.936	8.700
0.970	3.861	0.295	3.675
0.800	9.46	3	8.075

Tabla 5. Cálculos de adsorción de oro para la isotermas (Lineal, Freundlich, Langmuir y Temkin).

Lineal		Freundlich		Langmuir		Temkin	
q_e(mg/g)	Ce(mg/L)	ln q_e	ln Ce	Ce/q_e	Ce	q_e	ln Ce
8.89	0.78	2.18	-0.25	0.09	0.78	8.89	-0.25
7.27	1.185	1.98	0.17	0.16	1.185	7.27	0.17
7.35	1.355	1.99	0.30	0.18	1.355	7.35	0.30
7.82	3.066	2.06	1.12	0.39	3.066	7.82	1.12
8.70	0.936	2.16	-0.07	0.11	0.936	8.70	-0.07
3.67	0.295	1.30	-1.22	0.08	0.295	3.67	-1.22
8.08	3	2.09	1.10	0.37	3	8.08	1.10

Para la Isoterma lineal se graficó q vs C_e en la cual se obtiene una línea recta que se describe mediante la siguiente ecuación $q_e = KCe$ de la pendiente se determina la constante K $q_e = 1.56Ce$.

Para Freundlich se utilizó la siguiente ecuación, $\ln q_e = \ln K_F + \left(\frac{1}{n}\right) lnCe$. Se grafico $\ln q_e$ contra $\ln C_e$ y se obtuvo la ecuación $\ln q_e = 1.9261 + 0.2508 lnCe$ permite obtener n de la pendiente y K_F de la ordenada en el origen.

La siguiente ecuación muestra la isoterma de Langmuir en su forma lineal $\frac{Ce}{q_e} = \frac{1}{q_{max}K_L} + \frac{Ce}{qmax}$.

De el grafico de $\frac{Ce}{q_e}$ $versus$ Ce da la siguiente relación lineal, $\frac{Ce}{q_e} = 0.0157 + 0.1209Ce$ de la cual q_{max} se despeja de la pendiente y K_L de la ordenada al origen.

La ecuación linealizada de la isoterma de Temkin generalmente se expresa de la forma siguiente: $q_e = \frac{RT}{b_T}\ln A_T + \frac{RT}{b_T}\ln C_e$. Al representar gráficamente q_e vs $Ln\ Ce$, se obtiene la siguiente ecuación $q_e = 7.1754 + 1.3354\ln Ce$ puede obtener b$_T$ de la pendiente y A$_T$ de la ordenada en el origen.

Tabla 6. Parámetros de las isotermas y coeficiente de correlación

Isoterma	Parámetro	Oro
Lineal	K - Constante (L/g)	1.56
	R^2	0.33
Freundlich	K$_f$ - Constante de Freundlich (L/g)	6.86
	1/n -Exponente de Freundlich	0.25
	R^2	0.44
Langmuir	q$_{max}$ -Máxima capacidad de adsorción (mg/g)	8.36
	K$_L$-Constante de Langmuir (L/mg)	7.07
	R^2	0.98
Temkin	A$_T$ -Constante de Temkin (L/g)	215.56
	b$_T$ - (J/mol)	1855
	R^2	0.38

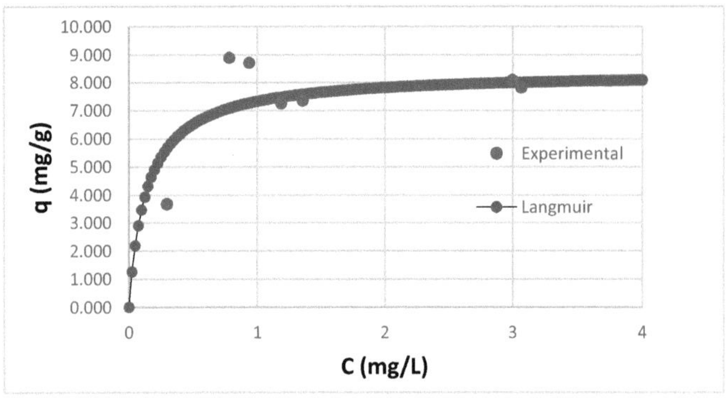

Figura 34. Grafica de adsorción de oro utilizando el modelo de Langmuir y los resultados experimentales.

Tabla 7. Resultados experimentales de adsorción de plata

g/L	C_o(mg/L)	C_e(mg/L)	q_e (mg/g)
0.908	100.44	17.34	91.5
1.038	176.5	17.4	153.3
0.938	151.65	19.2	141.2
1.063	261.65	18.9	228.4
1.013	743.4	32	702.4
1.053	743.4	51.47	657.4
0.800	866.1	203.45	828.3

Tabla 8. Cálculos de adsorción de plata para la isotermas (Lineal, Freundlich, Langmuir y Temkin).

Lineal		Freundlich		Langmuir		Temkin	
q_e(mg/g)	Ce(mg/L)	ln q_e	ln Ce	Ce/q_e	Ce	q_e	ln Ce
91.5	17.3	4.52	2.85	0.19	17.3	91.5	2.85
153.3	17.4	5.03	2.86	0.11	17.4	153.3	2.86
141.2	19.2	4.95	2.95	0.14	19.2	141.2	2.95
228.4	18.9	5.43	2.94	0.08	18.9	228.4	2.94
702.4	32.0	6.55	3.47	0.05	32.0	702.4	3.47
657.4	51.5	6.49	3.94	0.08	51.5	657.4	3.94
828.3	203.5	6.72	5.32	0.25	203.5	828.3	5.32

Para la Isoterma lineal se graficó q vs C_e en la cual se obtiene una línea recta que se describe mediante la siguiente ecuación $q_e = KCe$ de la pendiente se determina la constante K $q_e = 4.126Ce$.

Para Freundlich se utilizó la siguiente ecuación, $\ln q_e = \ln K_F + \left(\frac{1}{n}\right) lnCe$. Se grafico $\ln q_e$ contra $\ln C_e$ y se obtuvo la ecuación $\ln q_e = 2.9092 + 0.7946lnCe$ permite obtener n de la pendiente y K_F de la ordenada en el origen.

La siguiente ecuación muestra la isoterma de Langmuir en su forma lineal $\frac{Ce}{q_e} = \frac{1}{q_{max}K_L} + \frac{Ce}{qmax}$.

De el grafico de $\frac{Ce}{q_e}$ $versus$ Ce da la siguiente relación lineal, $\frac{Ce}{q_e} = 0.0921 + 0.0007Ce$ de la cual q_{max} se despeja de la pendiente y K_L de la ordenada al origen.

La ecuación linealizada de la isoterma de Temkin generalmente se expresa de la forma siguiente: $q_e = \frac{RT}{b_T}\ln A_T + \frac{RT}{b_T}\ln C_e$. Al representar gráficamente q_e vs Ln Ce, se obtiene la siguiente ecuación $q_e = -640 + 299.38\ln Ce$ puede obtener b_T de la pendiente y A_T de la ordenada en el origen.

Tabla 9. Parámetros de las isotermas y coeficiente de correlación

Isoterma	Parámetro	Plata
Lineal	K - Constante (L/g)	4.12
	R^2	0.62
Freundlich	K_f - Constante de Freundlich (L/g)	18.34
	1/n -Exponente de Freundlich	0.79
	R^2	0.64
Langmuir	q_{max}- Máxima capacidad de adsorción (mg/g)	1428.5
	K_L- Constante de Langmuir (L/mg)	0.0076
	R^2	0.44
Temkin	A -Constante de Temkin (L/g)	0.11
	B - (J/mol)	299.4
	R^2	0.74

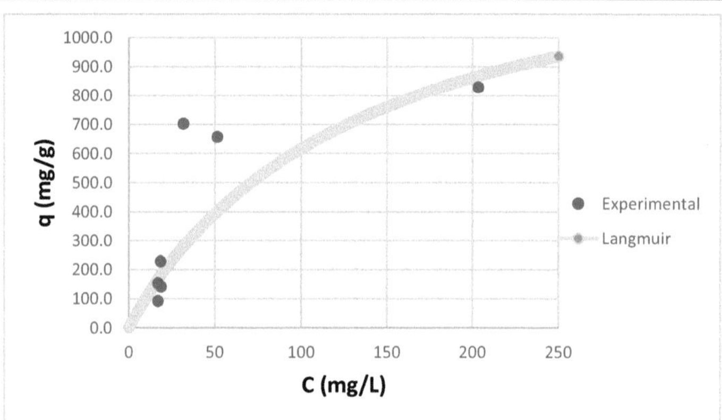

Figura 35. Grafica de adsorción de plata utilizando el modelo de Langmuir y los resultados experimentales

Tabla 10. Resultados experimentales de adsorción de cobre

g/L	C_o(mg/L)	C_e(mg/L)	q_e (mg/g)
0.908	96.02	54.30	45.95
1.038	236.5	131.30	101.38
0.938	279.7	160.10	127.53
0.910	415.55	182.90	255.69
1.053	332.6	119.55	202.40
0.8	780.1	430.00	437.6
1.013	332.6	110.46	219.32

Tabla 11. Cálculos de adsorción de cobre para la isotermas (Lineal, Freundlich, Langmuir y Temkin)

Lineal		Freundlich		Langmuir		Temkin	
q_e(mg/g)	Ce(mg/L)	ln q_e	ln Ce	Ce/q_e	Ce	q_e	ln Ce
45.95	54.30	3.83	3.99	1.18	54.30	45.95	3.99
101.38	131.30	4.62	4.88	1.30	131.30	101.38	4.88
127.53	160.10	4.85	5.08	1.26	160.10	127.53	5.08
255.69	182.90	5.54	5.21	0.72	182.90	255.69	5.21
202.40	119.55	5.31	4.78	0.59	119.55	202.40	4.78
389.00	430.00	5.96	6.06	1.11	430.00	389.00	6.06
219.32	110.46	5.39	4.70	0.50	110.46	219.32	4.70

Tabla 12. Parámetros de las isotermas y coeficiente de correlación

Isoterma	Parámetro	Cobre
Lineal	K - Constante (L/g)	0.90
	R^2	0.86
Freundlich	- Constante de Freundlich (L/g)	1.50
	1/n -Exponente de Freundlich	0.94
	R^2	0.69
Langmuir	- Máxima capacidad de adsorción (mg/g)	---------
	- Constante de Langmuir (L/mg)	---------
	R^2	0.03
	Constante adimensional	---------
Temkin	A -Constante de Tempkin (L/g)	0.03
	B - (J/mol)	159.94
	R^2	0.74

Erick Montaño Silva
POSGRADO EN CIENCIAS DE LA INGENIERÍA: INGENIERÍA QUÍMICA,*2017*

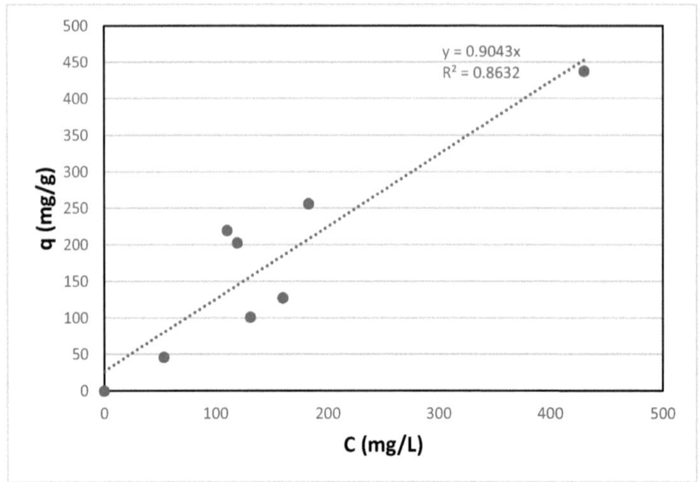

Figura 36. Grafica de adsorción de cobre vs concentración de equilibrio.

Para la Isoterma lineal se graficó q vs C_e en la cual se obtiene una línea recta que se describe mediante la siguiente ecuación $q_e = KCe$ de la pendiente se determina la constante K $q_e = 0.9043Ce$.

Para Freundlich se utilizó la siguiente ecuación, $\ln q_e = \ln K_F + \left(\frac{1}{n}\right) lnCe$. Se grafico $\ln q_e$ contra $\ln C_e$ y se obtuvo la ecuación $\ln q_e = 0.4061 + 0.9409 lnCe$ permite obtener n de la pendiente y K_F de la ordenada en el origen.

La siguiente ecuación muestra la isoterma de Langmuir en su forma lineal $\frac{Ce}{q_e} = \frac{1}{q_{max}K_L} + \frac{Ce}{qmax}$. De el grafico de $\frac{Ce}{q_e}$ $versus\ Ce$ da la siguiente relación lineal, $\frac{Ce}{q_e} = 0.8753 + 0.004Ce$ de la cual q_{max} se despeja de la pendiente y K_L de la ordenada al origen.

La ecuación linealizada de la isoterma de Temkin generalmente se expresa de la forma siguiente: $q_e = \frac{RT}{b_T}\ln A_T + \frac{RT}{b_T}\ln C_e$. Al representar gráficamente q_e $vs\ Ln\ Ce$, se obtiene la siguiente ecuación $q_e = -586.58 + 156.94\ln Ce$ puede obtener b_T de la pendiente y A_T de la ordenada en el origen.

Para los datos de equilibrio de adsorción de oro plata y cobre se utilizó diferentes concentraciones de estos metales en una solución de cianuro.

La isoterma que ajusto mejor los resultados experimentales para el oro fue de Langmuir con un coeficiente de correlación lineal de R^2 =0.98. Máxima capacidad de adsorción de 8.36 mg/L.

En el caso de la plata la isoterma de Temkin ajusto mejor los resultados experimentales a concentraciones bajas con un coeficiente de correlación lineal de R^2 =0.74. A medida que se incrementa la concentración de plata en la solución la isoterma de Langmuir representa mejor los resultados de adsorción. Máxima capacidad de adsorción de 1428 mg/L.

Por último, los resultados de adsorción de cobre se representan mediante una isoterma lineal con un coeficiente de correlación R^2 =0.86. Lo que nos indica que es menos favorable la adsorción de cobre que la plata y oro en la solución.

La recuperación de estos metales en la solución depende en gran medida de la cantidad de corriente que pasa a través de la solución necesaria para las reacciones de oxido-reducción, el potencial de reducción para el oro>plata>cobre, sin embargo, la concentración de estos metales juega un papel importante. Debido a que la plata se encuentra a mayor concentración en la solución 866 mg/L con una adsorción de 828 mg/g, seguida del cobre con una concentración 780 mg/L con una adsorción de 389 mg/g y por último la adsorción de oro 8.8 mg/g cuando la concentración es de 10 mg/L. Por lo que se recomendaría extraer el cobre del mineral antes de lixiviación de oro y plata.

4.3.1 Cálculos termodinámicos

Aplicando las siguientes ecuaciones obtenemos los siguientes resultados de energía libre, entalpia y entropía para el proceso de adsorción.

Condiciones de operación: batch, volumen de la celda 0.5 L, 2.5 g/L de NaCN, 10.18 mg/L de oro, 261.65 mg/L de plata, 415.55 mg/L de cobre, pH=11, 1 g/L de NaCl, distancia de los electrodos de 0.5 cm y Área específica de 56 m^2/m^3.

Tabla 13. Cálculos de adsorción de equilibrio para el oro, plata y cobre a diferentes temperaturas

		Oro		Plata		Cobre	
T (°C)	g/L	Ce(mg/L)	q_e(mg/g)	Ce(mg/L)	q_e(mg/g)	Ce(mg/L)	q_e(mg/g)
20	1.1304	0.8619	8.24	13.7	219.3	157.2	228.55
25	1.2132	1.242	7.37	22.85	196.8	180	194.16
30	1.1298	1.5657	7.63	31.7	203.5	196.5	193.88

$$K_C = \frac{q_e}{C_e} \tag{38}$$

Tabla 14. Constantes de equilibrio de adsorción a diferentes temperaturas

T (°K)	K_{Au} (L/g)	K_{Ag} (L/g)	K_{Cu} (L/g)
293	9.57	16.01	1.45
298	5.93	8.61	1.08
303	4.87	6.42	0.99

Tabla 15. Logaritmo natural de las constantes de equilibrio de adsorción vs inverso de temperatura

(1/T(°K))x1000	ln K_{Au} (L/g)	ln K_{Ag} (L/g)	ln K_{Cu} (L/g)
3.41	2.258	2.773	0.374
3.35	1.781	2.153	0.076
3.30	1.583	1.860	-0.013

El cambio de la energia libre se obtuvo con la siguiente relacion:

Donde $\Delta G°$ es la energía libre en kcal/mol, R esla constante universal de los gases (1.987 cal/mol °K), T es la temperatura (°K) y K_c es la constante de equilibrio de adsorcion (L/g). Los valores de K se encuentran en la tabla (4.3.12).

$$\Delta G° = -RTLnK_c \tag{39}$$

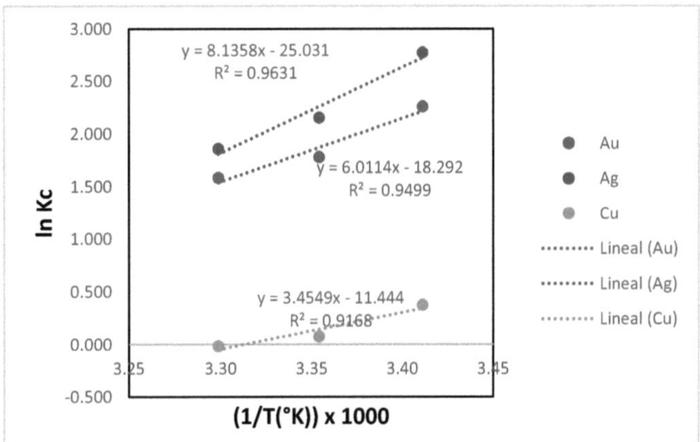

Figura 37. Gráfica: Logaritmo de la constante de equilibrio versus el inverso de la temperatura

Los parámetros termodinámicos $\Delta H°$ y $\Delta S°$ se calcularon con la ecuación de Van´t Hoff:

$$Ln\,K_C = -\Delta H°/R(1/T) + \Delta S°/R \tag{40}$$

Se grafico el ln K contra el inverso de la temperatura (1/T (°K)), El valor de $\Delta H°$ se determinó de la pendiente y $\Delta S°$ de la intercepción al origen. En la tabla (15) vienen resumidos.

Tabla 16. Parámetros termodinámicos

	Plata	Oro	Cobre
$\Delta G°(\frac{kcal}{mol})$	-1.28	-1.05	-0.044
$\Delta H°(\frac{kcal}{mol})$	-16.1	-11.9	-6.86
$\Delta S°(\frac{kcal}{mol\,°K})$	-0.049	-0.036	-0.022

De acuerdo con los cálculos obtenidos se puede observar que el valor de ΔG es negativo, lo cual confirma la viabilidad del proceso de adsorción y la naturaleza espontánea de la adsorción de la plata, oro y cobre sobre las especies generadas de electrocoagulación. Los valores de energía libre de adsorción fueron más favorables para la plata seguida del oro y en menor proporción sobre el cobre. $\Delta G°$ kcal/mol Ag(-1.28)<Au(-1.05)<Cu(-0.044)

El valor negativo de ΔH indica la naturaleza exotérmica del proceso. El bajo valor del cambio de entalpia según la bibliografía sugiere adsorción física (los valores típicos de la entalpía de adsorción para la adsorción física son de - 10 kcal/mol y cerca de -50 a -100 kcal/mol para la adsorción química. El valor obtenido para la plata -16.1 kcal/mol, el calor de adsorción de oro (-11.9 kcal/mol) y cobre (-6.86 kcal/mol).

Los valores negativos de ΔS sugieren que no ocurre un cambio significativo en la estructura interna del adsorbente durante la adsorción de los metales. La entropía disminuye por pérdida de los complejos de oro, plata y cobre en la solución durante la electrocoagulación. Los valores de entropía en kcal/mol°K para la plata (-0.049) < oro (-0.036) < cobre (-0.022).

4.4 Análisis cinético

Se utilizó el modelo cinético de segundo orden de Lagergren para la adsorción de plata en las especies formadas durante electrocoagulación.

$$\frac{t}{q_t} = \frac{1}{k_2 q_e^2} + \frac{t}{q_e}$$

(41)

Donde q_e (mg/g) y q_t (mg/g) es la cantidad adsorbida de plata en equilibrio y un determinado tiempo en los hidróxidos generados en la electrocoagulación y K_2 $(\frac{g}{mg-min})$ es la constante de velocidad para el modelo de cinético de segundo orden.

Tabla 17. Concentraciones de las soluciones utilizadas en el análisis cinético

	Au(mg/L)	Ag(mg/L)	Cu(mg/L)	g/L
S1	8.0	866.1	780.1	0.8
S2	3.861	743.4	332.6	1.0526
S3	10	151.65	279.7	0.8612

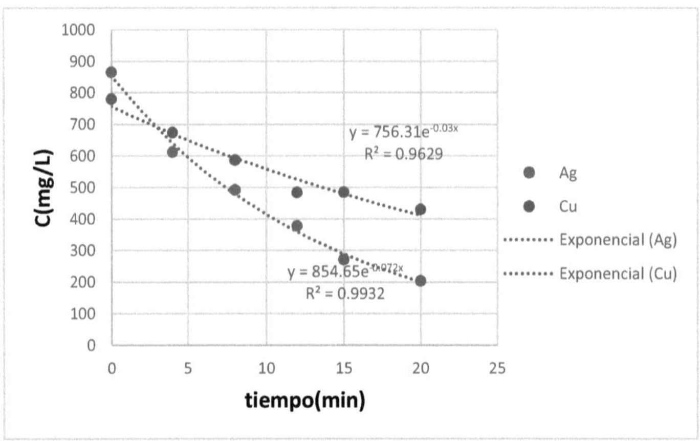

Figura 38. Disminucion de la concentración de plata y cobre en la solucion 1 durante el proceso de electrocoagulacion.

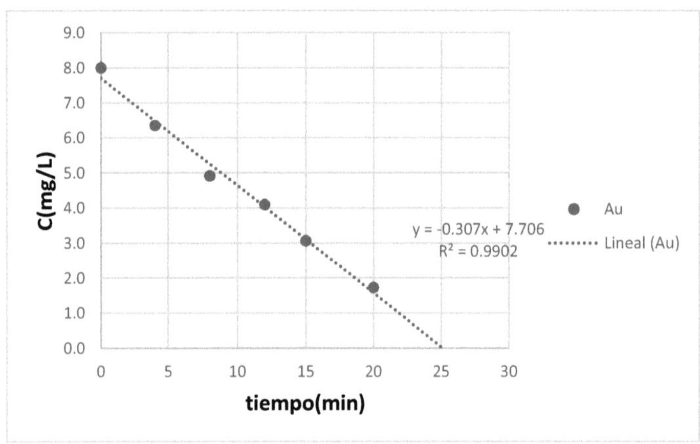

Figura 39. Disminucion de la concentración de oro en la solucion 1 durante el proceso de electrocoagulacion.

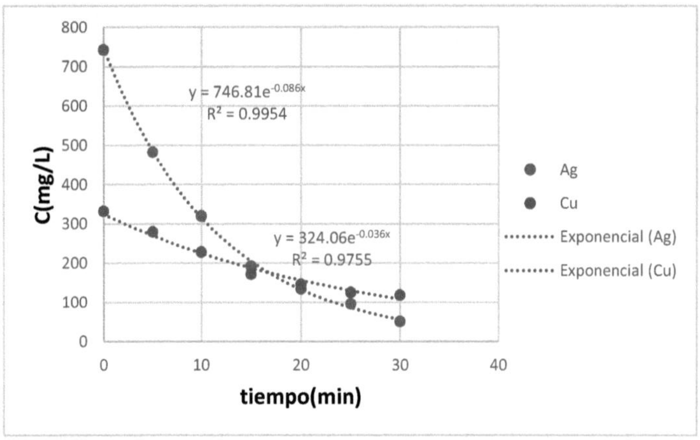

Figura 40. Disminucion de la concentración de plata y cobre en la solucion 2 durante el proceso de electrocoagulacion.

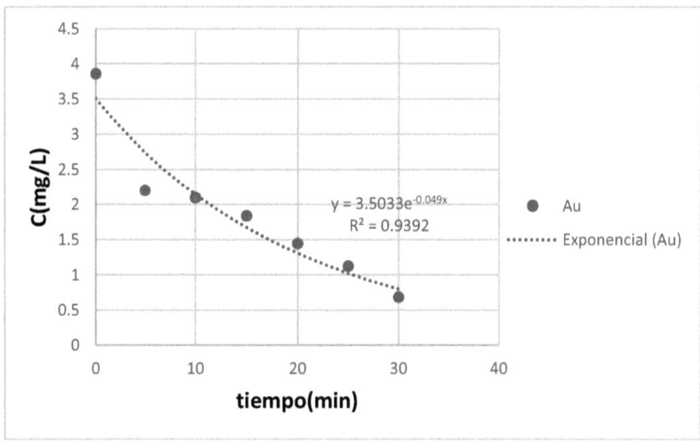

Figura 41. Disminucion de la concentración de oro en la solucion 2 durante el proceso de electrocoagulacion.

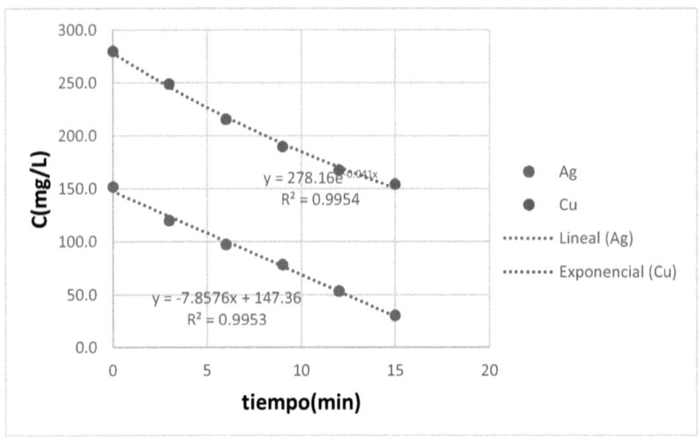

Figura 42. Disminucion de la concentración de plata y cobre en la solucion 3 durante el proceso de electrocoagulacion.

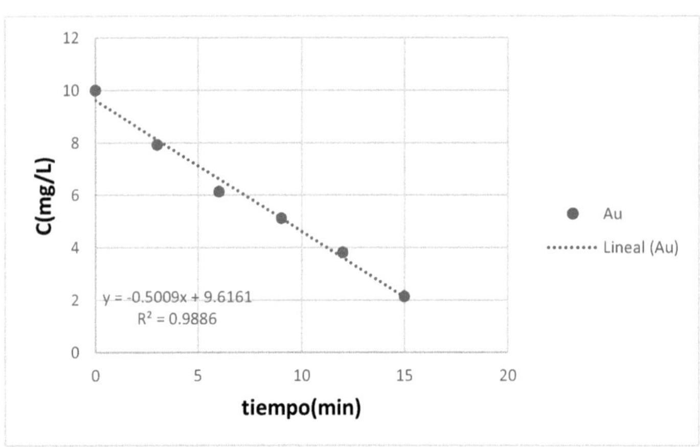

Figura 43. Disminucion de la concentración de oro en la solucion 3 durante el proceso de electrocoagulacion.

Al graficar $\frac{t}{q_t}$ contra el tiempo se obtiene la siguiente ecuación $\frac{t}{q_t} = \frac{1}{k_2 q_e^2} + \frac{t}{q_e}$, donde $\frac{1}{q_e}$ es la pendiente y $\frac{1}{k_2 q_e^2}$ es la intercepción a la ordenada al origen. En la tabla 4.3.1 se observa los valores calculados de q_e.

4.4.1 Modelo cinético de adsorción de segundo orden para el oro

Tabla 18. Concentración inicial de oro en la solución y constante de velocidad de adsorción de segundo orden

C(mg/L)	K_2 (g/mg. min)	q_e (mg/g)	R^2
3.86	0.023	3.83	0.9
8	0.009	24.63	0.87
10	0.0015	21.23	0.86

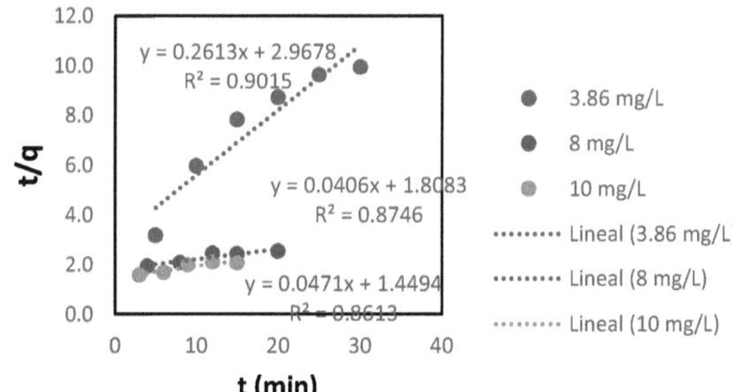

Figura 44. Grafica del modelo de adsorción de segundo orden para el oro a diferentes concentraciones: 5 amperes; temperatura de 298 °K; pH=11 y 1 g/L de sal.

4.4.2 Modelo cinético de adsorción de segundo orden para la plata

Tabla 19. Concentración inicial de plata en la solución y constante de velocidad de adsorción de segundo orden

C(mg/L)	K_2 (g/mg. min)	q_e (mg/g)	R^2
151.1	4.98E-05	500	0.79
743.4	6.94E-05	1000	0.99
866.1	4.54E-05	1428.57	0.96

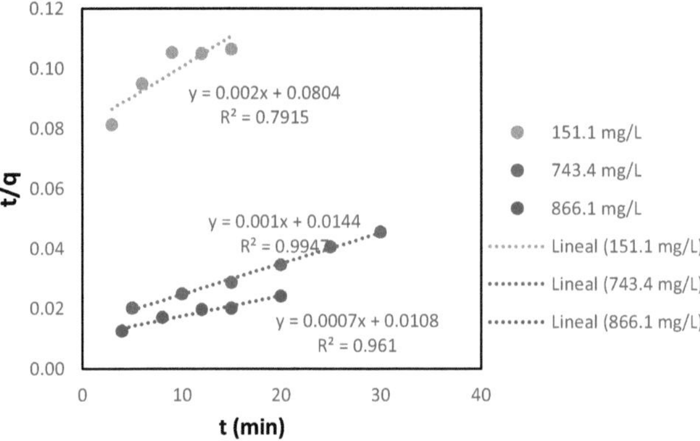

Figura 45. Graficas del modelo de adsorción de segundo orden para la plata a diferentes concentraciones: 5 amperes; temperatura de 298 °K; pH=11

4.4.3 Modelo cinético de adsorción de segundo orden para el cobre

Tabla 20. Concentración inicial de cobre en la solución y constante de velocidad de adsorción de segundo orden

C(mg/L)	K_2(g/mg. min)	q_e (mg/g)	R^2
279.7	3.89E-05	526.32	0.8
332.6	4.43E-05	588.24	0.82
780.1	4.03E-05	1000	0.87

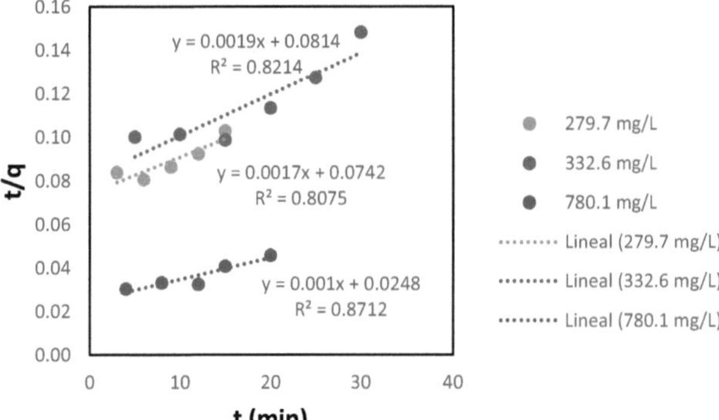

Figura 46. Graficas del modelo de adsorción de segundo orden para el cobre a diferentes concentraciones: 5 amperes; temperatura de 298 °K; pH=11

Los coeficientes de correlación para el modelo cinético de segundo orden de adsorción para la plata y oro son cercanos a la unidad, en el caso del cobre el modelo de adsorción de Elovich ajusta mejor los resultados experimentales. El modelo cinético de adsorción de segundo orden nos indica que hay un incremento en la adsorción de equilibrio con el aumento de la concentración de oro, plata y cobre en la solución.

4.4.4 Modelo cinético de adsorción de Elovich para el oro

Tabla 21. Constantes de velocidad de adsorción, constantes de desorción y coeficientes de correlación para el oro a diferentes concentraciones

mg/L	α(mg/g-min)	β (g/mg)	R^2
10	1.75	0.276	0.94
8	1.42	0.313	0.95
3.86	0.87	1.296	0.83

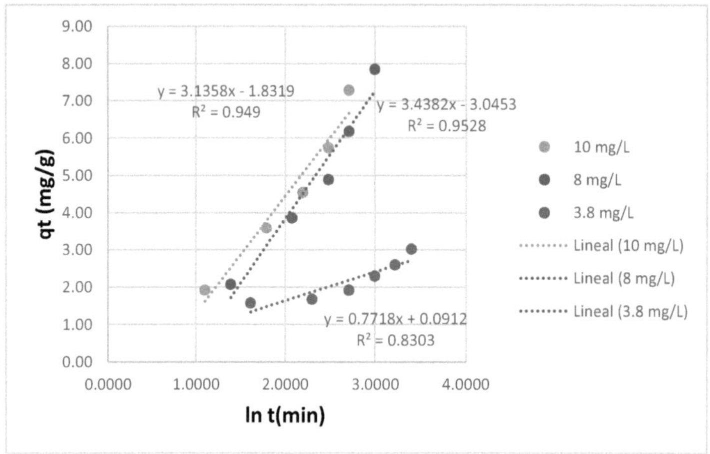

Figura 47. Graficas del modelo cinético linealizado de Elovich para la adsorción de oro

El modelo de Elovich tiene un coeficiente de correlación cercano a la unidad. La información que nos proporciona la constante de velocidad inicial incrementa con el aumento de concentración de (0.87 a 1.75 mg/g-min) cuando la concentración de oro es de (3.86-10 mg/L). La constante de desorción incrementa con la disminución de la concentración.

4.4.5 Modelo cinético de adsorción de Elovich para la plata

Tabla 22. Constantes de velocidad de adsorción, constantes de desorción y coeficientes de correlación para la plata a diferentes concentraciones

mg/L	α(mg/g-min)	β (g/mg)	R^2
866.1	218.06	0.0028	0.96
743.4	136.40	0.0043	0.99
151	32.77	0.0160	0.93

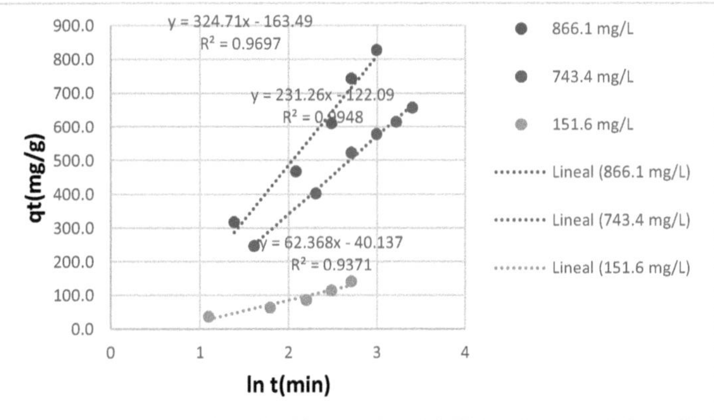

Figura 48. Graficas del modelo cinético linealizado de Elovich para la adsorción de plata

El modelo de Elovich tiene un coeficiente de correlación cercano a la unidad. La información que nos proporciona la constante de velocidad inicial incrementa con el aumento de concentración de (32.77 a 218.06 mg/g-min) cuando la concentración de plata es de (151-866 mg/L). La constante de desorción incrementa con la disminución de la concentración.

4.4.4 Modelo cinético de adsorción de Elovich para el cobre

Tabla 23. Constantes de velocidad de adsorción, constantes de desorción y coeficientes de correlación para el cobre a diferentes concentraciones

mg/L	α(mg/g-min)	β (g/mg)	R^2
780.1	93.72	0.0052	0.97
332.6	56.01	0.0111	0.98
279.7	16.64	0.0145	0.99

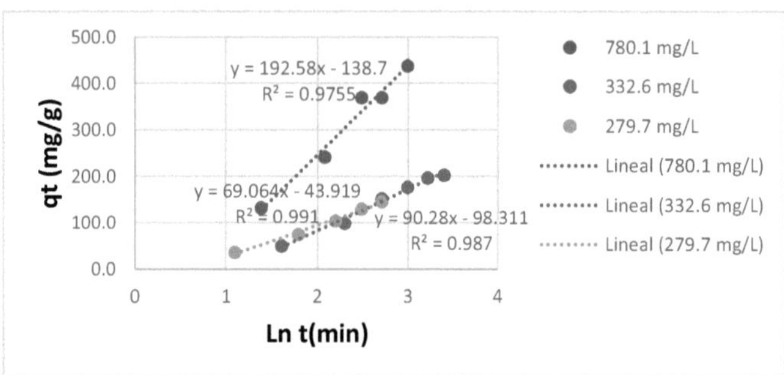

Figura 49. Graficas del modelo cinético linealizado de Elovich para la adsorción de cobre

El modelo de Elovich tiene un coeficiente de correlación cercano a la unidad. La información que nos proporciona la constante de velocidad inicial incrementa con el aumento de concentración de (16.64 a 93.72 mg/g-min) cuando la concentración de cobre es de (279-780 mg/L). La constante de desorción incrementa con la disminución de la concentración.

4.5 Pruebas con solución rica de Álamo Dorado

En las siguientes tablas se muestran los porcentajes de recuperación de plata en la celda de electrocoagulación de Álamo dorado la cual tiene la siguiente concentración de plata 125 mg/L, 0.8 mg/L de oro y 1300 mg/L de cobre. Los electrodos de hierro y aluminio tienen un área de alrededor de 20 cm^2,

Tabla 24. Condiciones de operación: distancia de los electrodos 0.5 cm, 5 amperes. 7 volts y 1 g/L de NaCl

	[Ag] mg/L	% de recuperación de Plata	pH	
1	6.8	94.6	9	Cambiando polaridad Al/Fe
2	10.9	91.3	9	Al(+)/Fe(-)
3	0.4	99.7	10	Al(-)/Fe(+)
4	0.8	99.4	10	Cambiando polaridad Al/Fe

Se comparo el efecto de cambio de polaridad con solución rica proveniente de Álamo Dorado en el rango de pH de 9 a 10, comparado con los resultados de las pruebas batch con solución sintética hay mayor recuperación de plata (99.7%) cuando los ánodos son de hierro. En las pruebas con cambio de polaridad los porcentajes de recuperación son mayores que utilizando ánodos de aluminio. Cabe recordar los electrodos de aluminio como ánodo tienen mayor recuperación a un pH mayor a 11.

Los siguientes resultados son de una prueba proveniente de lixiviación de un concentrado de flotación de minerales. La cual contiene alta concentración de plata. Se empleo 6 electrodos, 3 ánodos de aluminio y 3 cátodos de hierro, para la prueba de electrocoagulación.

Tabla 25. Condiciones iniciales: pH=11,15 minutos, distancia de los electrodos 0.5 cm, 5 amperes, 4 volts y 1 g/L de NaCl.

tiempo (minutos)	[Ag] mg/L	[Au] mg/L	[Cu] mg/L
0	1620	9.46	395
15	10.48	1.6	275.8
	% recuperación Ag	% recuperación Au	% recuperación Cu
	99.4	83.1	30.2

4.6 Caracterización de los productos sólidos provenientes de la electrocoagulación

Para la determinación de las especies que se encuentran en el producto proveniente de la electrocoagulación se utilizó la técnica de difracción de Rayos X.

Las especies determinadas en este concentrado cambiando la polaridad de los electrodos fueron las siguientes:

- Plata- Ag
- Aluminita-$Al_2H_{18}O_{15}S$ ($Al_2SO_4(OH)_4 \cdot 7(H_2O)$) Sulfato hidratado de aluminio
- Hidronio jarosita-$Fe_3H_{6.92}O_{14}S_2$ ($(H_3O)_{0.3}Fe_3(SO_4)_2(OH)_6$ Sulfato de hierro con hidróxidos
- Alunógeno- $Al_2H_{34}O_{28.4}S_3$ ($Al_2(SO_4)_3(H_2O).5(H_2O)$) Sulfato hidratado de aluminio

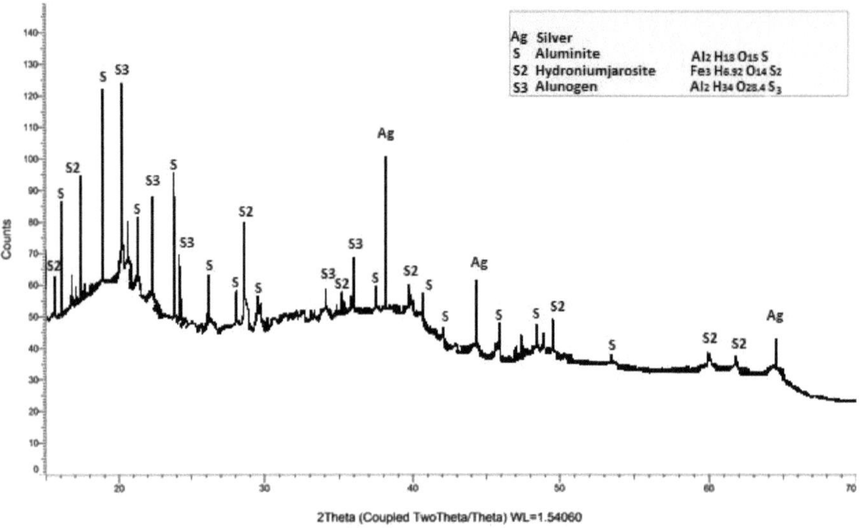

Figura 50. Patrón de difracción de rayos X del polvos de electrocoagulación cambiando la polaridad

Las especies determinadas en los productos de electrocoagulación sin cambiar la polaridad con ánodos de aluminio fueron las siguientes:

- Bayerita: Al(OH)$_3$
- Plata

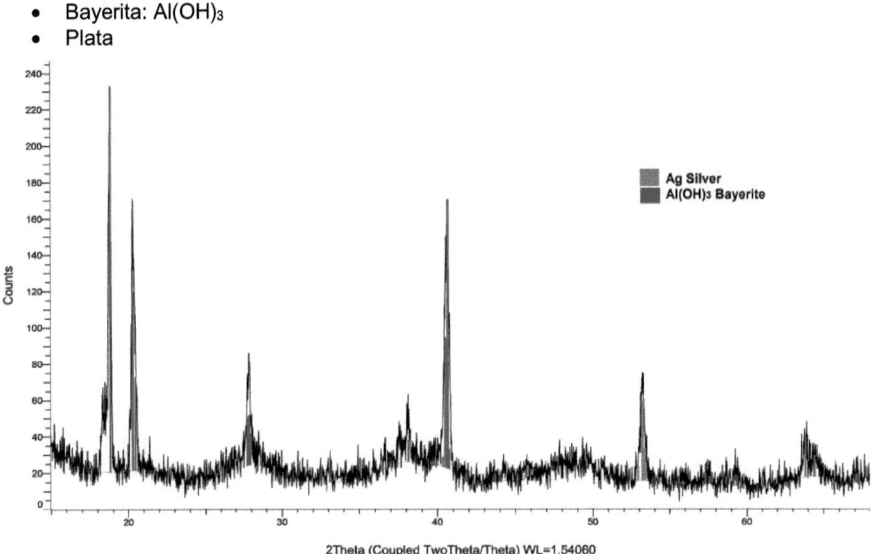

Figura 51. Patrón de difracción de rayos X del polvos de electrocoagulación con anodos de aluminio.

Para determinar la distribución cualitativa y cuantitativa de elementos químicos que se encuentran presentes en la muestra se procedió a hacer un análisis por EDS en el Microscopio Electrónico de Barrido.

De este estudio se encontró que lo solidos formados durante electrocoagulación contenían principalmente: oxigeno, hierro, aluminio, carbón, plata, sodio, silicio y cloro.

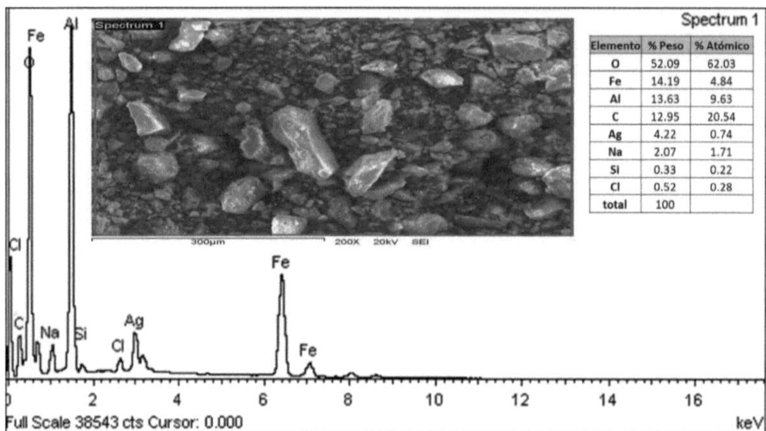

Elemento	% Peso	% Atómico
O	52.09	62.03
Fe	14.19	4.84
Al	13.63	9.63
C	12.95	20.54
Ag	4.22	0.74
Na	2.07	1.71
Si	0.33	0.22
Cl	0.52	0.28
total	100	

Figura 52. Imagen del SEM de los sólidos de electrocoagulación cambiando la polaridad, Análisis de rayos X por dispersión de energía (EDS)

Los electrodos de acero están hechos principalmente de hierro con carbono. Electrodos de aluminio de 99.5 % de pureza con impurezas de hierro y silicio. El oxígeno que aparece debido a la hidrolisis de los iones de hierro y aluminio representa más del 52 % de los sólidos. La electrocoagulación precipita elementos insolubles en la solución: carbón del cianuro, sodio y cloro.

Para las pruebas con la solución de lixiviación se encontró que lo solidos formados durante electrocoagulación contenían principalmente: oxigeno, aluminio, carbón, plata, sodio, calcio, cobre, silicio, y cloro.

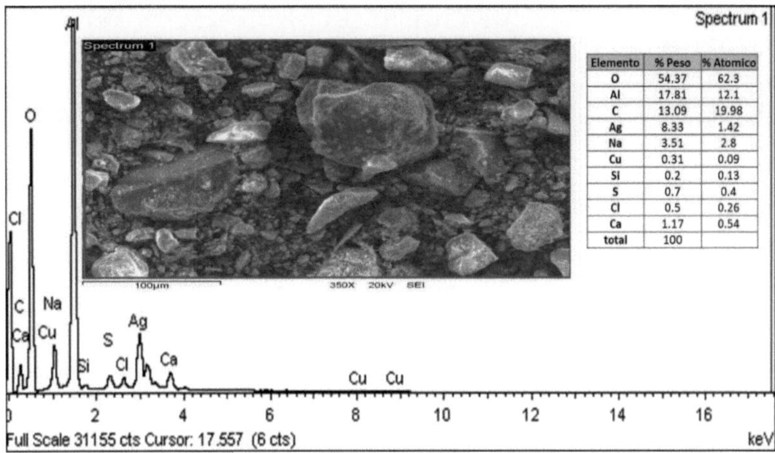

Elemento	% Peso	% Atomico
O	54.37	62.3
Al	17.81	12.1
C	13.09	19.98
Ag	8.33	1.42
Na	3.51	2.8
Cu	0.31	0.09
Si	0.2	0.13
S	0.7	0.4
Cl	0.5	0.26
Ca	1.17	0.54
total	100	

Figura 53. Imagen del SEM de los sólidos de electrocoagulación, Análisis de rayos X por dispersión de energía (EDS)

Electrodos de aluminio de 99.5 % de pureza con impurezas de silicio. El oxígeno que aparece debido a la hidrolisis de los iones aluminio representa más del 54 % de los sólidos. La electrocoagulación precipita elementos insolubles en la solución: carbón del cianuro, calcio, sodio y cloro.

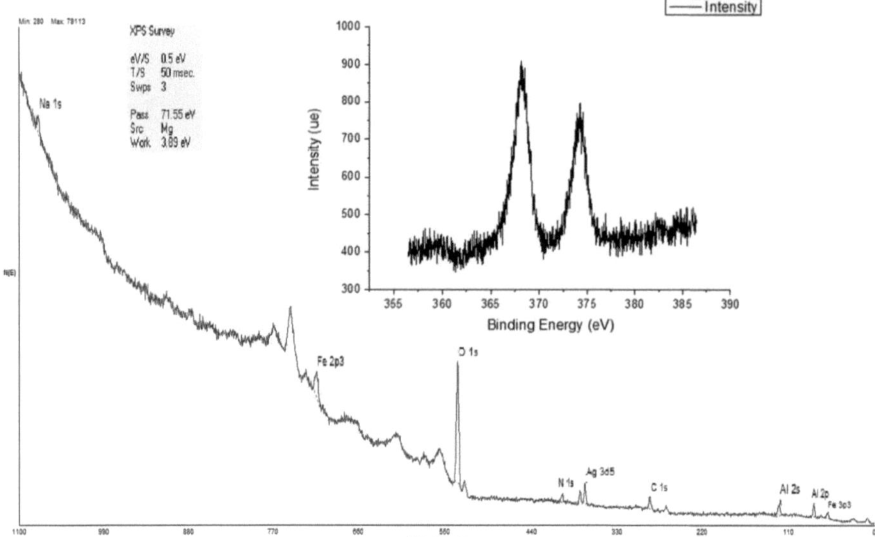

Figura 54. Imagen de espectroscopía fotoelectrónica de rayos X de los solidos de electrocoagulacion cambiando la polaridad

Por medio de este análisis de encontró presente oxígeno, hierro, aluminio, plata, carbón y nitrógeno. El carbón y nitrógeno indican formación de compuestos orgánicos en los sólidos de electrocoagulación.

Plata Ag 3d5/2 Energía de enlace=368.27 eV Ag 3d3/2 Energía de enlace =374.27

De acuerdo con los resultados de análisis de rayos X por dispersión de energía (EDS), Difracción de Rayos X y espectroscopía fotoelectrónica de rayos X se confirma la adsorción de plata y cobre, elementos que se encontraban en mayor proporción en la solución de cianuro sobre las especies de hierro y aluminio, siendo una alternativa viable para la recuperación de plata. Sin embargo, también se precipitaron elementos solubles en la solución como sodio, cloro y calcio, estos elementos son solubles en agua por lo que se pueden separar fácilmente de los sólidos de Electrocoagulación.

Los principales productos que se formaron después de secar los sólidos de electrocoagulación cambiando la polaridad de los electrodos son los siguientes: Aluminita (sulfato hidratado de aluminio), Hidroniojarosita (sulfato de hierro con hidróxidos), Alunógeno (Sulfato hidratado de aluminio).

En las pruebas con ánodos de aluminio se formó Bayerita (hidróxido de aluminio) se precipita junto con la plata y cobre en la solución.

4.7 Pruebas de recuperación de plata y oro de los flóculos de electrocoagulación.

Reactivos utilizados

Sosa caustica (NaOH)
Aguas Desionizada
Ácido sulfúrico (H_2SO_4)
Ácido Nítrico (HNO_3)
Hidróxido de amonio (NH_4OH)
Cianuro de Sodio (NaCN)
Ácido clorhídrico (HCl)

El objetivo es separar los metales preciosos de los flóculos de electrocoagulación. En un vaso de precipitado de 200 mL se le agrego un gramo de los sólidos de electrocoagulación, cuando los sólidos provenían de electrodos de hierro se le agrego 100 mL de los reactivos ácidos, se le dio 20 minutos de agitación, se dejó sedimentar para después filtrar, se comparó la disolución del metal.

Cuando los sólidos de electrocoagulación provenían de electrodos de aluminio se le agrego la sosa caustica diluida en agua desionizada y en otro recipiente de se agregó el hidróxido de amonio.

Cuando se agregó la sosa cáustica a los flóculos de aluminio, parte de los hidróxidos de aluminio se disolvieron para formar aluminato de sodio y en el fondo queda un residuo el cual contiene los elementos que no son solubles se analizó por medio de ensaye al fuego. El resultado del ensaye al fuego se muestra en la siguiente tabla 4.7.

Los sólidos de electrocoagulación al estar en contacto en la solución de cianuro se vuelven a Re disolver. Se agrego solido una solución estéril a los flóculos de electrocoagulación y al cabo de una hora la concentración de la solución incremento a 2237 mg/L de plata y 33 mg/L de oro.

Tabla 26. Ensaye al fuego del concentrado de electrocoagulación.

Ensaye al fuego	
Ley Au (g/t)	**Ley Ag (g/t)**
1260	55854

Figura 55. Disolución de Al(OH)$_3$ en NaOH

$$Ag+ Au + Al(OH)_3 + NaOH \rightarrow NaAlO_2 + 2H_2O + Ag+ Au \text{ (Filtración)}$$
$$NaAlO_2 + 2H_2O \rightarrow Al(OH)_3 + NaOH \text{ (Cristalización)}$$

Erick Montaño Silva
POSGRADO EN CIENCIAS DE LA INGENIERÍA: INGENIERÍA QUÍMICA,*2017*

CAPÍTULO 5

CONCLUSIONES Y RECOMENDACIONES

Conclusiones

Se encontró mayor recuperación con ánodos de aluminio sin cambiar la polaridad de los electrodos a pH>11.

En las pruebas con cambio de polaridad los porcentajes de recuperación incrementan con la disminución del pH tomando como límite pH=9.4 para evitar la formación de HCN.

Efecto de la densidad de corriente y flujo volumétrico. Manteniendo constante el área específica de 24 m^2/m^3 se obtuvo mayor porcentaje de recuperación cuando la densidad de corriente fue de 180 A/m^2. A media que se disminuye el flujo volumétrico incrementa la recuperación debido al aumento de tiempo de residencia en la celda. Los mejores porcentajes de recuperación de plata y oro fueron alrededor de 90% con las siguientes condiciones 16.5 mL/min, tiempo de residencia de 30 minutos y 180 A/m^2.

Al incrementarse el área hay una disminución en el consumo de energía. El cambio más significativo es cuando el consumo de los electrodos es de 1 g/L al incrementar el área de 8 m^2/m^3 a 24 m^2/m^3 el consumo de energía disminuye de 37 a 18.4 kWh/m^3. El área específica de 56 m^2/m^3 proporciona la mejor relación de consumo de energía y consumo de los electrodos.

No se observó un cambio significativo con el incremento del área específica de los electrodos en la recuperación de plata y oro, bajo las condiciones a las que se realizaron los experimentos. Se alcanzo una recuperación de plata y oro de alrededor de 85%. Los mayores porcentajes de recuperación que se obtuvieron fueron de 90% para ambos metales. Cuando incrementa el consumo de los electrodos aumentan los porcentajes de recuperación de oro y plata en los flóculos de electrocoagulación.

La isoterma que ajusto mejor los resultados experimentales para el oro fue de Langmuir con un coeficiente de correlación lineal de R^2 =0.98. Máxima capacidad de adsorción de 8.36 mg/g.

En el caso de la plata la isoterma de Temkin ajusto mejor los resultados experimentales a concentraciones bajas con un coeficiente de correlación lineal de R^2 =0.74. A medida que se incrementa la concentración de plata en la solución la isoterma de Langmuir representa mejor los resultados de adsorción. Máxima capacidad de adsorción de 1428 mg/g.

Por último, los resultados de adsorción de cobre se representan mediante una isoterma lineal con un coeficiente de correlación R^2=0.86. Lo que nos indica que es menos favorable la adsorción de cobre que la plata y oro en la solución.

El estudio de propiedades termodinámicas permite concluir que:

De acuerdo con los cálculos obtenidos se puede observar que el valor de ΔG es negativo, lo cual confirma la viabilidad del proceso de adsorción y la naturaleza espontánea de la adsorción de la plata, oro y cobre sobre las especies generadas de electrocoagulación. Los valores de energía libre de adsorción fueron más favorables para la plata seguida del oro y en menor proporción sobre el cobre. $\Delta G°$ kcal/mol Ag(-1.28)<Au(-1.05)<Cu(-0.044)

El valor negativo de ΔH indica la naturaleza exotérmica del proceso. El bajo valor del cambio de entalpia según la bibliografía sugiere adsorción física (los valores típicos de la entalpía de adsorción para la adsorción física son de - 10 kcal/mol y cerca de -50 a -100 kcal/mol para la adsorción química. El valor obtenido para la plata -16.1 kcal/mol, el calor de adsorción de oro (-11.9 kcal/mol) y cobre (-6.86 kcal/mol).

Los valores negativos de ΔS sugieren que no ocurre un cambio significativo en la estructura interna del adsorbente durante la adsorción de los metales. La entropía disminuye por pérdida de los complejos de oro, plata y cobre en la solución durante la electrocoagulación. Los valores de entropía en kcal/mol°K para la plata (-0.049) < oro (-0.036) < cobre (-0.022).

Análisis cinético de adsorción

Los coeficientes de correlación para el modelo cinético de segundo orden de adsorción para la plata y oro son cercanos a la unidad, en el caso del cobre el modelo de adsorción de Elovich ajusta mejor los resultados experimentales. El modelo cinético de adsorción de segundo orden nos indica que hay un incremento en la adsorción de equilibrio con el aumento de la concentración de oro, plata y cobre en la solución.

En el caso del oro, el modelo de Elovich tiene un coeficiente de correlación cercano a la unidad. La información que nos proporciona la constante de velocidad inicial incrementa con el aumento de concentración de (0.87 a 1.75 mg/g-min) cuando la concentración de oro es de (3.86-10 mg/L). Para la adsorción de plata, la constante de velocidad inicial incrementa con el aumento de concentración de (32.77 a 218.06 mg/g-min) cuando la concentración de plata es de (151-866 mg/L). La constante de velocidad inicial de adsorción de cobre incrementa con el aumento de concentración de (16.64 a 93.72 mg/g-min) cuando la concentración de cobre es de (279-780 mg/L). La constante de desorción en los resultados experimentales incrementa con la disminución de la concentración.

Caracterización de los sólidos de electrocoagulación. Cuando se estuvo cambiando la polaridad se formó sulfatos hidratados de hierro y aluminio. Sin cambiar la polaridad con ánodos de aluminio se formó hidróxido de aluminio. La plata se adsorbe sobre las especies formadas de hierro y aluminio.

A mayor concentración de iones metálicos en la solución mayor concentración en los sólidos. EDS presenta elementos solubles como el sodio, calcio y cloro precipitados en los sólidos de electrocoagulación.

Los mejores resultados de recuperación de plata y oro de los sólidos de electrocoagulación fueron cuando se disolvió los flóculos de aluminio con sosa caustica. Aun queda mucho por innovar en este tema ya que la mayoría de los estudios se centra en la remoción de metales sin tocar a fondo la reutilización de los floculantes y recuperación de los metales.

Recomendaciones

En el proceso de cianuración el pH que se recomienda en el siguiente rango (11-12) por lo que no se requeriría ajustar el pH al momento de ingresar a la celda de electrocoagulación empleando ánodos de aluminio y cátodos de hierro.

Las ventajas de utilizar celdas de electrocoagulación de flujo continuo es que no se tiene esa limitante del volumen de la solución, disminuiría los costos de mano de obra debido a la limpieza periódica de los electrodos por parte de los operadores, la flotación de los flóculos permitiría su separación en una etapa posterior por precipitación y filtración.

La recuperación de estos metales en la solución depende en gran medida de la cantidad de corriente que pasa a través de la solución necesaria para las reacciones de oxido-reducción, el potencial de reducción para el oro>plata>cobre, sin embargo, la concentración de estos metales juega un papel importante. Debido a que la plata se encuentra a mayor concentración en la solución 866 mg/L con una adsorción de 828 mg/g, seguida del cobre con una concentración 780 mg/L con una adsorción de 389 mg/g y por último la adsorción de oro 8.8 mg/g cuando la concentración es de 10 mg/L. Por lo que se recomendaría extraer el cobre del mineral antes de lixiviación de oro y plata.

Por último, a mayor concentración de oro, plata y cobre en la solución cianurada aumenta la probabilidad de contacto con los hidróxidos de metálicos formados durante la electrocoagulación incrementa la capacidad de adsorción de oro y plata. Esto también nos indica que, a mayor concentración de oro y plata nuestro precipitado obtiene mayor porcentaje de oro y plata

CAPÍTULO 6

BIBLIOGRAFÍA

Andía Cárdenas, Y., de Vargas, L., & Barrenechea Martel, A. (2000). Tratamiento de agua: coagulación–floculación. Evaluación de Plantas y Desarrollo Tecnológico. SEDAPAL. Lima, Abril del, 6.

Barkley, N. P., Farrell, C., & Williams, T. (1993). Electro-pure alternating current electrocoagulation. US Environmental Protection Agency, Superfund Innovative Technology Evaluation.

Chen, G. (2004). Electrochemical technologies in wastewater treatment.Separation and purification Technology, 38(1), 11-41.

Dai, X., Simons, A., Breuer, P., 2012. A review of copper cyanide recovery technologies for the cyanidation of copper containing gold ores. Miner. Eng. 25, 1–13. doi:10.1016/j.mineng.2011.10.002

Domic, E. (2001). Hidrometalurgia: Fundamentos, procesos y aplicaciones.Chile, Andros Impresos.

Figueroa, G. V. F., Parga, J. R., Valenzuela, J. L., Tiburcio G. C., & Zamarripa, G. G. (2012). Kinetic aspects of gold and silver recovery in cementation with zinc power and electrocoagulation iron process.

Foo, 5. 5. K., & Hameed, B. H. (2010). Insights into the modeling of adsorption isotherm systems. Chemical Engineering Journal, 156(1), 2-10.

Gatsios, E., Hahladakis, J. N., & Gidarakos, E. (2015). Optimization of electrocoagulation (EC) process for the purification of a real industrial wastewater from toxic metals. Journal of Environmental Management, 154, 117–127. doi:10.1016/j.jenvman.2015.02.018

Gomes, J. A., Daida, P., Kesmez, M., Weir, M., Moreno, H., Parga, J. R., ... & Cocke, D. L. (2007). Arsenic removal by electrocoagulation using combined Al–Fe electrode system and characterization of products. Journal of Hazardous Materials, 139(2), 220-231.

Habashi, Fathi. A Textbook of Hydrometallurgy, 2nd edition. Second Quebec City, Canada (1999)

Hamdan, S. S., & El-Naas, M. H. (2014). An electrocoagulation column (ECC) for groundwater purification. Journal of Water Process Engineering, 4, 25–30. doi:10.1016/j.jwpe.2014.08.004

Heidmann, I., & Calmano, W. (2008). Removal of Zn(II), Cu(II), Ni(II), Ag(I) and Cr(VI) present in aqueous solutions by aluminium electrocoagulation. Journal of Hazardous Materials, 152(3), 934–941. doi:10.1016/j.jhazmat.2007.07.068

Hashabi. (2005). A short history of hydrometallurgy. Hidrometallurgy, 79, 15-22.

Habashi Fathi. Principles of Extractive Metallurgy. Gordon and Breach Science Publishers, segunda edición, volume II 1980, pag. 24-39

Hiskey, J. B., Schlitt, W. J., Schlitt, W. J., & Hiskey, H. B. (1982). Interfacing technologies in solution mining. In Proceedings of the 2nd SME-SPE International Solution Mining Symposium, AIME, New York (p. 55).

Ho, Y. S., & McKay, G. (1998). The kinetics of sorption of basic dyes from aqueous solution by sphagnum moss peat. The Canadian Journal of Chemical Engineering, 76(4), 822-827.

Holt, P.K., Barton, G.W., Mitchell, C.A. Electrocoagulation as a wastewater treatment. In: The Third Annual Australian Environmental Engineering Research Event, 23–26 November, Castlemaine, Victoria, 1999.

Kamaraj, R., & Vasudevan, S. (2015). Evaluation of electrocoagulation process for the removal of strontium and cesium from aqueous solution. Chemical Engineering Research and Design, 93, 522-530.

Kobya, M., Gebologlu, U., Ulu, F., Oncel, S., & Demirbas, E. (2011). Removal of arsenic from drinking water by the electrocoagulation using Fe and Al electrodes. Electrochimica Acta, 56(14), 5060-5070.

Kracht, W., & Ihle, C. (15 de Enero de 2017). amtc. Obtenido de http://www.amtc.cl/?page_id=1471

Kumar, K. V., Porkodi, K., & Rocha, F. (2008). Langmuir–Hinshelwood kinetics–a theoretical study. Catalysis Communications, 9(1), 82-84.

Kundu, S., & Gupta, A. K. (2006). Adsorptive removal of As (III) from aqueous solution using iron oxide coated cement (IOCC): evaluation of kinetic, equilibrium and thermodynamic models. Separation and purification technology,51(2), 165-172.

Lu, J., Li, Y., Yin, M., Ma, X., & Lin, S. (2015). Removing heavy metal ions with continuous aluminum electrocoagulation: A study on back mixing and utilization rate of electro-generated Al ions. Chemical Engineering Journal, 267, 86-92.

Marsden, J. O., & House, C. I. (2006). The chemistry of gold extraction, Society for Mining, Metallurgy, and Exploration. *Inc., Littleton, Colorado*, 147-231.

Mollah, M. Y. A., Schennach, R., Parga, J. R., & Cocke, D. L. (2001). Electrocoagulation (EC)—science and applications. Journal of hazardous materials, 84(1), 29-41.

Mollah, M. Y., Morkovsky, P., Gomes, J. A., Kesmez, M., Parga, J., & Cocke, D. L. (2004). Fundamentals, present and future perspectives of electrocoagulation. Journal of hazardous materials, 114(1), 199-210.

Muhtadi, O. A., van Zyl, D., Hutchison, I., & Kiel, J. (1988). Metal extraction (recovery systems). Dirk JA van Zyl, Ian PG Hutchison y Jean E. Kiel, Introduction to Evaluation, Design and Operation of Precious Metal Heap Leaching Projects, society of Mining Engineers, Inc., Colorado.

Navarro, P., & Vargas, C. (2010). Efecto de las propiedades físicas del carbón activado en la adsorción de oro desde medio cianuro. Revista de metalurgia,46 (3), 227-239.

Newton, J. (1955). Extrative Metallurgy. New York: John Wiley & Sons, Inc.

(n.d.). Retrieved 2016 йил 08-03 from Secretaria de economia: http://www.economia.gob.mx/comunidad-negocios/mineria.

Parga, J. R., Cocke, D. L., Valverde, V., Gomes, J. A., Kesmez, M., Moreno, H., ... & Mencer, D. (2005). Characterization of electrocoagulation for removal of chromium and arsenic. Chemical Engineering & Technology, 28(5), 605-612.

Parga, J. R., Valenzuela, J. L., Vazquez, V. M., Rodriguez, M., & Munive, G. T. (2014). Thermodynamic Study for Arsenic Removal from Freshwater by Using Electrocoagulation Process. Advances in Chemical Engineering and Science, 4(04), 548.

Parga, J. R., Munive, G. T., Valenzuela, J. L., Vazquez, V. V., & Zamarripa, G. G. (2013). Copper Recovery from Barren Cyanide Solution by Using Electrocoagulation Iron Process. Advances in Chemical Engineering and Science

Parga, J. R., Cocke, D. L., Valenzuela, J. L., Gomes, J. A., Kesmez, M., Irwin, G., ... & Weir, M. (2005). Arsenic removal via electrocoagulation from heavy metal contaminated groundwater in La Comarca Lagunera Mexico.Journal of Hazardous Materials, 124(1), 247-254.

Peele Robert, Church John A (1947). Mining Engineers Handbook. John Wiley and Sons Inc., tercera edición, volume II, sección 31 pag. 2-22, sección 33 pag. 6-17

Prica, M., Adamovic, S., Dalmacija, B., Rajic, L., Trickovic, J., Rapajic, S., & Becelic-Tomin, M. (2014). The electrocoagulation/flotation study: The removal of heavy metals from the waste fountain solution. Process Safety and Environmental Protection.

Penedo Medina, M., Cutiño, M., Michel, E., Vendrell Calzadilla, F., & Salas Tort, D. (2015). Adsorción de níquel y cobalto sobre carbón activado de cascarón de coco. Tecnología Química, 35(1), 110-124.

Pogrebnaya V.L., Klimenko A.A., Bokovikova T.N., Tsymbal E.P., & Pronina N.P., Chem. Petrol. Eng. 31 (5–6) (1995) 280.

Pretorius, W. A., Johannes, W. G., & Lempert, G. G. (1991). Electrolytic iron flocculant production with a bipolar electrode in series arrangement. Water S. A., 17(2), 133-138.

Roginsky, Y Zeldovich (1934). The catalytic oxidation of carbon monoxide on manganese dioxide. Acta Phys. Chem. USSR.

Rebhun M., & Lurie M., Control of organic matter by coagulation and floc separation, Water Sci. Technol. 27 (11) (1993) 1–20.

Singley, J. (1986). Revisión de la teoría de coagulación del agua. Gainesville, Estados Unidos: Universidad de la Florida, 9-26.

Treybal, R. E. (1988). Operaciones de transferencia de masa

Temkin, M. J., & Pyzhev, V. (1940). Recent modifications to Langmuir isotherms.

Textoscientificos. (15 de Enero de 2017). Obtenido de http://www.textoscientificos.com/mineria/lixiviacion-oro/precipitacion-carbon-activado

Víctor Manuel Vázquez Vázquez. (2009). Estudio termodinámico de la adsorción de TiO_2 y arsénico en especies generadas por electrocoagulación (Tesis de doctorado). Instituto Tecnológico de Saltillo. Coahuila, México.

Vázquez, V., Parga, J., Valenzuela, J. L., Figueroa, G., Valenzuela, A., & Munive, G. (2014). Recovery of Silver from Cyanide Solutions Using Electrochemical Process Like Alternative for Merrill-Crowe Process. Materials Sciences and Applications, 5(12), 863.

Viades Trejo, J. (20 de Noviembre de 2016). Departamento de fisico quimica de la UNAM. Obtenido de http://depa.fquim.unam.mx/amyd/archivero/Unidad3.Fenomenossuperficiales.Adsorcion _23226.pdf

Xu L, Xu X, Cao G, Liu S, Duan Z, Song S, Song M, Zhang M. Optimization and assessment of Fe-electrocoagulation for the removal of potentially toxic metals from real smelting wastewater. J Environ Manage. 2018 Jul;218 129-138. doi:10.1016/j.jenvman.2018.04.049.

Yuh-Shan, H. (2004). Citation review of Lagergren kinetic rate equation on adsorption reactions. Scientometrics, 59(1), 171-177.

https://www.gob.mx/se/acciones-y-programas/mineria

https://mineriaenlinea.com/2019/04/mexico-se-corona-como-lider-en-produccion-de-plata/

https://es.wikipedia.org/wiki/Oro

https://es.wikipedia.org/wiki/Plata

Printed by Books on Demand GmbH, Norderstedt / Germany